天然电场选频法理论与实践

韩荣波　韩东　著

北　京
冶金工业出版社
2021

内 容 提 要

　　本书系统介绍了构建天然电场选频法的完整体系，内容包括天然电场选频法的方法原理、天然电场选频法的模型实验、天然电场选频法勘探技术模式、天然电场选频法的干扰因素分析以及天然电场选频法的野外工作实例等。

　　本书可供地球物理勘探、水文地质和工程地质等领域的从业者以及相关专业院校和科研单位的研究者参考和应用。

图书在版编目 (CIP) 数据

　　天然电场选频法理论与实践/韩荣波，韩东著 . —北京：冶金工业出版社，2020.4（2021.5 重印）
　　ISBN 978-7-5024-8420-0

　　Ⅰ.①天…　Ⅱ.①韩…　②韩…　Ⅲ.①自然电场法—选频—研究　Ⅳ.①P631.3

　　中国版本图书馆 CIP 数据核字（2020）第 028774 号

出 版 人　苏长永
地　　　址　北京市东城区嵩祝院北巷 39 号　邮编　100009　电话　(010)64027926
网　　　址　www.cnmip.com.cn　电子信箱　yjcbs@cnmip.com.cn
责任编辑　卢　敏　美术编辑　吕欣童　版式设计　禹　蕊
责任校对　石　静　责任印制　李玉山
ISBN 978-7-5024-8420-0
冶金工业出版社出版发行；各地新华书店经销；北京建宏印刷有限公司印刷
2020 年 4 月第 1 版，2021 年 5 月第 2 次印刷
169mm×239mm；13.5 印张；6 彩页；280 千字；214 页
68.00 元

冶金工业出版社　投稿电话　(010)64027932　投稿信箱　tougao@cnmip.com.cn
冶金工业出版社营销中心　电话　(010)64044283　传真　(010)64027893
冶金工业出版社天猫旗舰店　yjgycbs.tmall.com
（本书如有印装质量问题，本社营销中心负责退换）

前　言

天然电场选频法作为一种新的物探方法，自20世纪80年代初研究成功并推向社会以来，因其具有地质效果好、轻便、快捷、用人少和应用范围广等特点，并在地下水勘探、矿产勘探、工程地质与灾害地质勘探以及地热勘探等方面都取得了良好的地质效果，已经被越来越多的地勘工作者了解和应用。为了让读者对该方法有一个更清晰的认识，作者在此首先对其做一个总体概述，更详细的内容将在后文的相关章节中进行具体论述。

（1）天然电场选频法的定义。天然电场选频法（简称选频法）是以大地电磁场作为工作场源，以地下岩矿石电性差异为基础，根据在地面上测量大地电磁场的电场水平分量中几个或几十个不同频率的电场强度变化规律，来研究地下电性的变化情况，以达到解决地质问题的一种交流电勘探方法。

作者之所以将该物探方法命名为"天然电场选频法"，一方面是因为该方法测量的是大地电磁场的电场水平分量，故其名称中包含了"天然电场"；另一方面是因为该方法测量的是电场水平分量中几个或几十个不同频率的电场强度，即对电场水平分量进行了选频，故其名称中又包含了"选频"。因此，这种物探方法被总称为"天然电场选频法"。而根据该方法理论设计生产制造的仪器，被称为"天然电场选频物探测量仪"，简称"天然电场选频仪"或"选频仪"。

可以看出，天然电场选频法具有科学严谨的定义，并且拥有自己的一套完整的理论体系和勘探体系。因此，天然电场选频法绝不能与自然电场法、天电法、天然电场法等电法勘探方法混为一谈。

（2）天然电场选频法创新的核心。上述对于"天然电场选频法"的定义，一方面指出了天然电场选频法是一种交流电法；另一方面指出了这种物探方法所使用的工作场源、应用的物质基础以及测量的物理量与其他电法方法的不同之处。这种物探方法创新的精髓是选择大地电磁场的电场水平分量中几个或几十个不同频率的电场强度作为研究对象，即对电场水平分量进行了选频，以达到解决地质问题的目的。因此，"对电场水平分量进行选频"是天然电场选频法创新的核心，而"选频"则表明该物探方法的勘探内容包括两个方面，一方面具有"测量几个不同频率的剖面测量法"；另一方面具有"测量几十个或更多不同频率的频率测深法"。天然电场选频法的这种创新，使该方法具有鲜明的特色和突出的优势，即实现了"多频率、多装置、多方位"观测、剖面测量与测深法测量并重、频率测深法（ρ_r-f 测深法）与非频率测深法即长线测深法（ρ_r-MN 测深法）相结合。天然电场选频法所具有的这套"三多、两并重、两结合"特点的工作方法是区别于其他交流电法的不同处之一，也是天然电场选频法扬长避短的重要措施，同时构成了天然电场选频法勘探体系——天然电场选频法勘探技术模式的重要思想。在勘探工作中，采用这套独具特色的天然电场选频法勘探技术模式，可以获得多种测量参数，实现测量资料互相对比印证，抑制或消除干扰，突出地质体异常，最终达到提高解决地质问题的成功率，获得良好地质效果的目的。

（3）天然电场选频法的理论研究。任何一种物探方法的理论研究，目的都在于更本质地揭示这种物探方法的物理场时间和空间的分布特点及规律，找出场的变化规律和地质体之间的内在联系，从而更好地应用这种物探方法去解决实际工作中遇到的各种地质问题。简而言之，物探方法理论研究的最终目的是为了解决实际的地质问题。天然电场选频法理论研究的最终目的也是如此。

　　天然电场选频法具有自己的特点。其工作场源是大地电磁场，场的来源、成分和结构是多元的，且测量频率的范围跨度大——从高频到音频再到低频，甚至超低频以及传导类低频电流场都有可能被使用到。在多元场源的作用下，地质体产生的二次场也是多元的。在传导类低频电流场作用下（如游散电流场），可以获得类似电阻率法的视电阻率剖面异常；在超低频交流电磁场作用下，可以产生交流感应激发极化率异常；在高频和低频交流电磁场作用下，可以形成感应的二次电磁场。基于这些原因，天然电场选频法理论所研究的内容、方式和方法也是多元的，要根据具体研究对象的不同性质、不同前提和不同条件而确定。例如，可以利用麦克斯韦方程进行求解；也可以利用矢量位进行求解；在城镇矿区及其周围开展测量工作时，工业电器设备接地或漏电以及农村某些电网采用"二线一地"制供电等原因，造成交流电直接供入大地形成大地电流场，这种情况相当于向地下供以传导类低频交流电流，可以利用稳定电流场或似稳定电流场的拉普拉斯方程进行求解；在交变电磁场作用下，对于复杂形体产生的二次场可以利用近似分析法进行求解；其他求解方法还有模型实验求解法以及经验法求解法等。为解决实际地质问题，这些求解方法中已有部分被应用于天然电场选频法，并获得了良好的地质效果。因此，作者认为应当在实践中不断研究、总结和发展天然电场选频法的理论基础。

　　天然电场选频法属于测量单分量的交流电方法，同时又属于无量纲电阻率测量方法，测量结果为沿地质体水平方向（剖面测量法）或垂直方向（测深测量法）变化的无量纲电阻率。这与传统的 Cagniard 模型正演结果有很多不同之处。从电磁场理论可知，由于交变电磁场在不均匀介质传播过程中表现得较为复杂，介质中的电场与磁场不成正交关系，电流矢量 j 和电场矢量 E 方向不一致，电场分量 E_x 不仅与正交的磁分量 H_y 有关，而且与同向的磁分量 H_x 有关，所以在测量电分量 E_x 和磁分量 H_y 的电磁测深法中可以引入张量阻抗概念，采用 Cagniard 模型解决频率测深问题；而天然电场选频法是单分量测量方法，又是无量纲电阻率测量方法，无法采用 Cagniard 模型去解决频率测深问题。因此，在进行天然电场选频法地质模型的正演与反演的过程中所遇到的问题将会更加繁琐和复杂，这个课题还有待今后进一步研究。鉴于此，天然电场选频法只能根据本方法自身的条件和特点，另辟蹊径来解决勘探地质体深度的问题。针对这个问题，一方面，作者经过深入研究和大量野外实践，将公式：$\delta = 503.5\sqrt{\dfrac{\rho}{f}}$ 中所表示的电磁波穿透深度 δ（也称勘探深度）与电阻率 ρ、频率 f 三者之间的关系作为基本原理，再结合大量的野外实践经验，选择合适的仪器测量参数和数据采集方式，以及采用相应的软硬件数据处理方法，创新地解决了天然电场选频法的频率测深法（$\rho_r\text{-}f$ 测深法）问题。另一方面，作者又成功研究出另一种非频率测深方法——长线测深法（$\rho_r\text{-}MN$ 测深法）。这种测深方法是天然电场选频法所独有的，而其他交流电法所不具有的一种测深方法。根据作者长期在野外实际工作中应用该测深方法获得的勘探结果来看，该测深方法能够比较准确地确定地质体的层数及各层的深度和厚度，同时还具有区分异常等功能。以上这些研究成果也是作者对天然电场选频法理论体系和勘探体系所做出的一个重要贡献。

天然电场选频法属于交流电勘探方法的范畴。从交流电法理论的角度而言，天然电场选频法与很多人工场源或天然场源的交流电法有着相同或相似之处。只要清楚这些交流电法理论的应用前提和条件，就可以在天然电场选频法中借鉴或应用这些交流电法的理论，实现相互融合，取长补短，共同发展。

虽然天然电场选频法应用于地勘工作已有30多年，并取得了良好的地质效果，且有越来越多的物探工作者从事该方法的理论研究和实际应用，但是和其他传统的电法方法相比，该方法仍然是一种新的物探方法，还面临许多尚待探索、研究、解决和完善的课题。作者编撰本书的目的也是希望为天然电场选频法的发展尽自己的一份绵薄之力，同时希望和广大物探工作者一起共同推动天然电场选频法的应用和发展。

本书力图从方法理论和野外实践两个方面对天然电场选频法进行一个全面系统的介绍。第1章和第2章主要阐述天然电场选频法的理论体系，包括方法原理和模型实验。第3章和第4章阐述天然电场选频法的勘探体系，即讨论天然电场选频法的勘探技术模式，论述天然电场选频法在野外勘探工作中解决地质问题的勘探步骤、方法、装置和需要注意的问题，以及工作质量检查、资料解释和干扰因素分析等内容。第5章阐述天然电场选频法的应用体系，其中列举了应用天然电场选频法解决地下水勘探、矿产勘探、工程地质与灾害地质勘探以及地热勘探等地质问题的大量野外典型工作实例，供读者参考。

在本书中，作者提出了通过大量野外实践而总结出来的一套应用天然电场选频法解决地质问题的"天然电场选频法勘探技术模式"，并详细阐述了该勘探技术模式中各种野外测量方法的装置内容、勘探目的、工作要点以及需要注意的问题等内容；详细说明了应用该勘探技术模式的"剖面测量"可快速确定井位置（或矿体位置）、"环形剖面测量"可预估单井涌水量（或矿体品位）以及"测探法测量"可推断含水层：（或矿层）的层数及每层的深度厚度等地质信息。特别是在该勘探技术模式中提出了天然电场选频法独有的长线测深法（ρ_r-MN 测深法）。

为了更加有效地应用天然电场选频法解决各种地质问题，作者根据该方法特点，在本书中提出了在勘探工作中应采取"多装置、多频率、多方位"测量、剖面测量与测深法测量并重、频率测深法与非频率测深法相结合的观点。

本书是作者经过对天然电场选频法 40 多年的理论研究并结合教学实践和野外实际工作而写成的专著。该书最早曾作为物探专业及全国天然电场选频法学习班的教材使用，后经补充修订又作为北京杰科创业科技有限公司销售的 JK 系列天然电场选频仪的培训资料使用。现为了让更多相关人员了解、学习和应用天然电场选频法，又再次补充修订后正式出版。本书内容丰富，从理论到实践，深入浅出，可供地球物理勘探、水文地质和工程地质等领域的从业者以及相关专业院校和科研单位的研究者参考和应用。

本书所有勘探实例的测量数据都是通过使用作者所研发的天然电场选频仪测量获得的，其中 1984 年之前的由"DX-1 型天然电场选频仪"测量获得，之后的均由"微机自动选频物探测量仪（简称微机选频仪）"和"JK 系列天然电场选频物探测量仪（简称 JK 选频仪）"

测量获得。其中大部分勘探实例都是由作者在野外工作中亲力亲为所得，少数勘探实例由北京杰科创业科技有限公司的客户提供。在此，作者也向这些为本书撰写提供勘探实例的客户表示衷心感谢。

　　天然电场选频法作为一种新的物探方法，涉及的问题和知识面广而深。书中对一些问题的见解、观点和论述难免有不足之处，希望能够和广大天然电场选频法的研究者和应用者一起共同探讨，共同研究。联系方式：wutanyiqi@ 126. com。

作　者
2019 年 9 月

目　录

1 天然电场选频法的方法原理

天然电场选频法作为一种物探新方法，拥有一套完整且独具特色的理论体系。深入了解该物探方法的原理和特点，更有利于帮助我们解决在应用这种物探方法过程中遇到的各种问题。

1.1 天然电场选频法的场源

目前，已经有许多文献对天然电场选频法的场源问题进行了探讨，对其成因及构成的观点是基本一致的，即认为天然电场选频法场源的成因及构成是比较复杂的。而天然电场选频法场源的复杂性和多元性，也是该物探方法在开展野外测量工作和进行异常解释推断过程中所要面对的重要课题之一。可以说，深入了解天然电场选频法的场源问题，对于该物探方法的理论研究、野外测量、异常解释、干扰因素分析以及仪器的软硬件设计都具有非常重要的现实意义。

1.1.1 大地电磁场的成因

大地电磁场是由不同成因的电磁场多元综合构成的，其成因和来源十分复杂，目前认为大致有如下几种：

（1）频率低于 1Hz 的大地电磁场。一般认为由周期性或准周期性的电磁场变化而引起。造成大地电磁场这种微变的因素和太阳核爆产生的辐射微粒子与地球大气层及地球磁场的相互作用有关。这种大地电磁场的场源多被作为大地电磁测深法（简称 MT 法）的工作场源。

（2）频率大于 1Hz 的大地电磁场。一般认为由地球局部性或全球性的雷电产生。特别是在赤道附近，大气层放电所产生的雷电构成了大地电磁场的一部分。音频大地电磁测深法（简称 AMT 法）就是利用这种大地电磁场作为工作场源。

（3）游散电流及其他原因形成的大地电磁场。由于工业电器设备接地或漏电等因素而形成的大地电磁场，以及高压输电线、变压器、地下电缆、发射台、照明线路以及通信线路等各种电器设备在运行过程中所形成的大地电磁场，统称为工业电流或游散电流所形成的大地电磁场。这部分大地电磁场在一定条件下可成为天然电场选频法的主要工作场源。

1.1.2 天然电场选频法场源的构成

天然电场选频法场源的构成也是非常复杂的，针对这个问题，作者也进行过大量研究。早在 1984 年，为研究天然电场选频法剖面测量异常产生的原因，作者曾在河南省荥阳市的贾峪乡、崔庙乡以及密县的油坊村这三个地区，研究了当地变电站的高压电网接地对该地区大地电磁场所产生的影响。这三个地区的变电站电网均采用"二线一地"制供电方式。所谓"二线一地"制供电方式，即当时为节省输电线路的建设成本，在供电可靠性要求不高的地方，采用二相相线由空中线路传送，一相相线直接接入大地通过大地传送，而共同组成三相供电系统的供电方式。这种供电方式在无意之中造成了一种由"人工"向地下供给交流电流的效果，从而产生了大地交流电流，构成了一种类似于交流电法中传导类低频交流电法向地下供电的方式。

在野外测量过程中，作者发现这种采用"二线一地"制供电方法的接地点所产生的大地电流对周围大地电磁场的影响，一方面受当地各种条件和因素的控制，例如测量点与电网接地点之间的距离、电网接地点周围的地质情况、岩性构造以及岩层的电性等；另一方面其影响的范围较大，一般情况下，距电网接地点 2000～3000m 地区的大地电流密度仍为接地点的 0.8%～1% 左右。

根据大量野外工作实例，作者发现在工业用电比较集中的区域，例如城镇、工矿企业等地区，由于工业电器设备接地或漏电等原因，也同样会造成一种非人为的由用电设备向地下直接供给交流电，从而形成一种大地交变电磁场的效果，并且在距离接地点较远处也可形成均匀大地电流场。这种"人工场源"也是构成天然电场选频法场源的诸多成因之一。而这种性质或来源的大地电磁场也被称为工业电流或游散电流所形成的大地电磁场。这些由人文因素造成的游散电流所形成的大地电磁场、雷电产生的大于 1Hz 的电磁场以及大地本身具有的小于 1Hz 的电磁场等各种场源共同多元组合构成了天然电场选频法的场源。正因为天然电场选频法利用了大地电磁场多元组合的场源，而各种不同的场源又具有不同的频率分布范围，地下地质体在这些不同频率的电磁场源的作用下则会产生多元性的异常场；因此，天然电场选频法可以利用这些多元性的异常来解决不同类型的地质问题。这也是该物探方法的优势之一。

作者经过长期大量的野外实践，认为在城镇及工矿企业等地区开展测量工作时，在构成天然电场选频法的诸多复杂场源中，由游散电流所形成的大地电磁场是构成天然电场选频法场源的主要成因。该场源在天然电场选频法的剖面测量工作中具有重要意义，并且对天然电场选频法的理论研究、野外测量、资料解释和干扰因素分析等各方面工作都产生着重要影响。对其进行深入了解，将会有助于我们开展天然电场选频法的各项工作。例如在本书"天然电场选频法野外工作实例"一章中所列举的某些地下水勘探实例，就是充分利用了这种游散电流所形成的大地电磁场使地质体产生的明显 ρ_s 异常，进而成功寻找到地下水源。这也说明了该场源对天然电场选频法野外测量工作具有重要意义。

在开展天然电场选频法的剖面测量工作时，作者一般选用大地电磁场中的25Hz、67Hz和170Hz三个频率作为测量频率。这些测量频率基本上分布在国际电联（ITU）定义的超低频30~300Hz范围内。

在开展天然电场选频法的频率测深法（ρ_r-f 测深法）测量工作时，一方面该方法的测量频率范围跨度比较大，从几Hz到300Hz的超低频，再到几千Hz的音频，甚至更高；另一方面该方法仅测量大地电磁场的电场水平分量，属于交流电法中的单分量、无量纲电阻率测量方法。因此，在天然电场选频法的频率测深法测量工作中，所面临的问题可能要比其他交流电方法的频率测深法多。

1.1.3 天然电场选频法如何对待游散电流所形成的大地电磁场

作者认为，游散电流所形成的大地电磁场对天然电场选频法的野外测量工作会造成一定的影响。这种影响既有有利的一面，也有不利的一面。大量的野外测量工作证明，在城镇和工矿区附近开展测量工作时，由于游散电流分布的具体情况不同，如与测量地点之间的距离、存在的形式、所处的方位、存在的深浅以及场强的大小等情况不同，该场源既可以成为天然电场选频法的有用场源，也可以成为干扰场源。对这个问题需要辩证看待，同时需要具体问题具体分析。而如何把这种"干扰因素"变为有利的、可利用的对象来解决地质问题，也是天然电场选频法的一大特色。

游散电流所形成的大地电磁场在一定条件下可以作为天然电场选频法的工作场源，使被勘探的地质体产生明显的 ρ_r 异常，这也是天然电场选频法和其他电法勘探方法的不同之处。但有时也需要注意该场源对野外测量工作可能产生的干扰问题。所以说，尽管游散电流所形成的大地电磁场对所有的电法勘探方法来说是"不受欢迎的"，但对于天然电场选频法来说，无论是在仪器设计还是在野外测量工作中，作者认为都应当采取"既要利用，又要限制"的方法来对待这种场源。这也是天然电场选频法的方法研究和仪器设计所要解决的难点和核心问题之一。为了解决这个问题，作者认为应当通过野外工作的合理布置、测量装置的正确选择、异常真假的辨别区分、仪器软硬件的完善设计以及测量数据的必要处理等多方面来进行综合处理。

下面作者将列举几个野外工作实例，来说明游散电流所形成的大地电磁场对天然电场选频法在野外测量工作中的作用和影响，同时也进一步阐明作者所提出的对该场源"既要利用，又要限制"的观点。

（1）可以成为有用的场源。在偏远地区，游散电流所形成的大地电磁场比较弱，可能会造成这个区域天然电场的信号也比较弱。在该区域开展天然电场选频法测量工作时，可能会出现天然电场选频仪读数较小，ρ_r 异常不明显等情况。例如在砂岩、砾岩、泥岩和页岩互层的第三系、三叠系和二叠系地层中寻找基岩裂隙型地下水时就有可能会出现这种情况。

而在城镇或工矿区附近开展测量工作时，如果测区周围有较强的游散电流存在，其所形成的大地电磁场比较强，那么即使在同样的第三系、三叠系和二叠系地层中寻找基岩裂隙型地下水时，通常也能够获得比较明显的 ρ_r 异常。

（2）注意 50Hz 工业电力谐波产生的干扰。在一些地区，某些工业电器设备在运行过程中会产生 50Hz 工业电力谐波，特别是奇次谐波。在这种区域开展天然电场选频法的频率测深法测量工作时，频率测深曲线的 50Hz 谐波处可能会出现一些干扰现象。例如图 1-1 是在北京通州区中泽馨园进行天然电场频率域测量试验时获得的异常曲线。该异常曲线就明显反映出存在 50Hz 工业电力谐波干扰的情况。从图 1-1 可以观察到，8 号频点的 150Hz、18 号频点的 250Hz 以及 28 号频点的 350Hz 处均出现了 50Hz 工业电力谐波干扰异常。作者根据自己的野外工作经历发现，不同地区由于地质条件不同，或同一地区的不同时间段由于周围运行的工业电器设备不同，频率测深异常曲线图中出现的 50Hz 工业电力谐波干扰情况也各不相同。但只要有这类谐波存在，就会或多或少地对正常地质体产生的异常造成干扰。后文"天然电场选频法勘探技术模式"一章的"频率测深法"一节中，作者将说明如何解决这个问题。

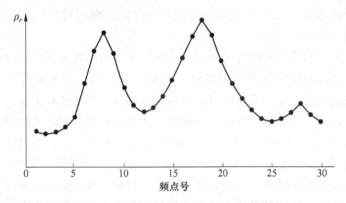

图 1-1   天然电场中的 50Hz 工业电力谐波

（3）注意区分异常。图 1-2 是作者在河南省荥阳市贾裕乡项沟村定井时获得的 $f=25Hz$ 的 ρ_r 剖面异常图。该地区周围出露的是三叠系石千峰组红砂岩。剖面被垂直布置在高压输电线旁。从 ρ_r 剖面异常图（图 1-2）中可以看出，这是一条典型的垂直于高压线旁测量时产生的衰减曲线。但通过仔细观察，仍可以发现在 13～18 号测点上叠加了典型的 ρ_r 低阻异常。经过综合分析，作者最终将井位定在 14 号测点。实际钻探结果为井深 158.5m，单井涌水量 28m^3/h。

另一个实例是后文所述的"基岩裂隙水勘探实例"中的"河南省禹州市文殊长城超硬材料厂机井"。该机井是作者在四周高压线、变压器、照明电线和通信电线林立的电干扰十分严重和复杂的情况下，成功应用天然电场选频法寻找到地下水的典型实例。

通过上述实例可以看出，在野外工作中，天然电场选频法也可以在电力设备附近开展勘探工作，并且能够获得良好的地质效果。这也是天然电场选频法的优势和特点之一，其中的关键是合理布置野外测量工作以及正确分析、区分和辨识 ρ_r 异常。

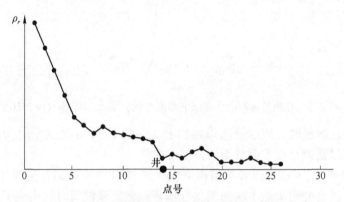

图 1-2　在高压输电线附近定井的 ρ_r 剖面异常图（$f = 25\text{Hz}$）

（4）在测量工作中应注意"场源畸变现象"。在测量工作中，如果测区周围出现大面积突然停电的情况，会导致游散电流所形成的大地电磁场突然减弱，这时所获得的 ρ_r 异常幅值就会突然减小。同样，如果测区周围的工业电器设备开始启动或停止运行，也会导致该区域的游散电流所形成的大地电磁场突然增强或减弱，这时所获得的 ρ_r 异常幅值就会突然增大或减小。这种在野外测量工作中由于区域突然供电或断电，以及周围工业电器设备突然启动或停止运行而造成 ρ_r 异常幅值突变的现象，被称为"场源畸变现象"。在实际工作中，这种现象也可以被视为一种干扰因素，需要引起我们的高度重视。

图 1-3 为作者在河南省荥阳市崔庙乡定井时获得的 $f = 25\text{Hz}$ 的 ρ_r 剖面异常图。当时作者在开展野外剖面测量工作的过程中就遇到了区域突然停电的情况。从图中可以观察到，在测量 1～16 号测点时，区域供电正常，ρ_r 异常明显，9 号测点出现了一个明显的 ρ_r 低阻异常（该地区属于灰岩地区）；而在测量 17～21 号测点时，由于区域突然停电，测量数据出现了突然变小的情况。在发现这种情况后，为排除场源畸变产生的干扰，作者又在场源比较稳定的时候进行了重复观测，最终确定 9 号测点的"V"字形 ρ_r 低阻异常是真实存在的，最终将井位定在此处。实际钻探结果为井深 135.8m，单井涌水量 35m³/h。

（5）人文因素的影响。随着工厂上下班，各种工业电器设备开始工作或停止工作均会造成天然电场选频法的场源增强或减弱。早晨场源由弱变强，一般在上午 9 时到下午 16 时之间，一次场较强且稳定；而在下午 16 时后，一次场由强变弱；尤其是在节假日期间，一次场较弱且变化混乱。因此，在应用天然电场选

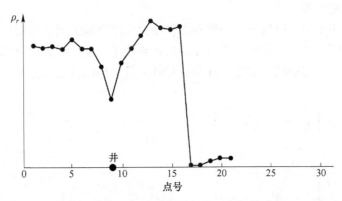

图 1-3　在测量过程中，区域突然断电的 ρ_r 剖面异常图（$f=25\text{Hz}$）

频法进行野外测量时，应尽量选择在早上 9 时到下午 16 时这个时间段内开展工作，同时应尽量避免在节假日期间开展工作。

1986 年 8 月 24 日，作者与河南省第二地质调查大队孟祥芳总工程师合作，在河南省许昌县使用天然电场选频法寻找曹操藏兵藏粮洞时就出现了异常受到人文因素影响的情况。图 1-4 是对河南省许昌县许田街曹操藏兵藏粮洞的 3 号测线在三个不同时间段进行重复观测获得的 $f=25\text{Hz}$ 的 ρ_r 剖面异常图。三次观测的测线方向均为由南到北，$MN=10\text{m}$，点距 $=2.5\text{m}$，洞顶位置位于 18 号测点。第一次测量（图中实线所示）是在 8 月 24 日上午 9~10 时，从图 1-4 可以看出异常曲线在洞顶处出现了较好的 ρ_r 高阻异常反应；第二次重复观测（图中点虚线所示）是在 8 月 24 日下午 18~19 时，从图 1-4 可以看出异常曲线在洞顶处的 ρ_r 高阻异常变得平缓，异常不够明显；第三次重复观测（图中短虚线所示）是在 8 月 25 日的上午 9~10 时，从图 1-4 可以看出异常曲线在洞顶处又出现了 ρ_r 高阻异常反应。出现上述测量结果，是因为曹操藏兵藏粮洞截面积较小（一般约为 2m^2，洞顶一般埋深在 3~4m）。这样的小型洞穴在一次场较强时（上午 9~10 时），可以产生明显的 ρ_r 高阻异常；而在一次场较弱时（下午 18~19 时），洞体无法被激发产生明显的 ρ_r 高阻异常；但是到了第二天一次场再次变强时（上午 9~10 时），洞穴又可以产生明显的 ρ_r 高阻异常。

在应用天然电场选频法开展野外测量工作的过程中，上述类似情况时有发生。因此，野外工作者必须清楚地认识到这种由人文因素造成的一次场变化的现象，同时充分考虑到这种变化对测量结果可能带来的影响。既要充分利用这种一次场变化规律的有利一面，又要尽量减少这种变化可能带来的负面影响。只有这样，才能获得良好的地质效果。而这也是天然电场选频法在野外工作中扬长避短的重要措施之一。

天然电场选频法的一次场作为矢量场，在非均匀介质中的变化是相当复杂的。从上述（4）、（5）实例中可以看出，我们在一次场源变化较大、地质条件

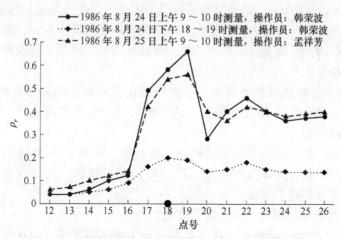

图 1-4　不同时间段重复观测获得的 ρ_r 剖面异常图（$f=25\text{Hz}$）

复杂或者干扰因素较多的地区开展天然电场选频法的野外勘探工作中，既要注意一次场的变化，同时又要注意地质体所产生的二次场（ρ_r 值）的变化。因此在测量工作中，特别是在开展剖面测量工作时，应充分发挥该物探方法的勘探优势，利用天然电场选频仪无需供电装置、测线布置灵活、仪器装置轻便、测量速度快以及测量过程中可随时出图等特点和优势，在测区内开展快速普查工作，从中发现和辨别出异常，再优中选优锁定异常，并对所锁定的异常进行必要的重复观测，以确定异常的真实性和有效性，进而为我们获得良好地质效果打下一个坚实基础。

1.1.4　天然电场选频法场源的特点

通过长期的野外实践，作者对天然电场选频法场源变化的一些基本特点有了一定的了解，现归纳如下。可以说，掌握这些基本特点，对于野外测量工作的布置以及资料的解释都会有很大帮助。

（1）天然电场选频法一次场源在各种不同岩层的分布、变化及稳定性各有不同，例如在寻找地下水时有以下特点和规律：

1）在岩溶地区寻找地下水：大量野外剖面测量重复观测的重测质量可以证明天然电场选频法的一次场源在灰岩、白云岩、大理岩等岩层中的分布较为稳定且有规律。但需要指出，天然电场选频法的一次场源在不同地质年代的灰岩层中分布的稳定性差别很大，在巨厚层奥陶系的灰岩层中分布稳定且较有规律，而在石炭系、寒武系及震旦系中的灰岩层中分布的稳定性就相对较差。

2）在花岗岩地区寻找地下水：一次场源在花岗岩中的分布及稳定性比在灰岩地区差，主要表现为 ρ_r 值不规则且变化较大。其 ρ_r 值变化的大小和花岗岩的成分、风化程度和所受地质构造作用等因素有关。

3）在砂页岩夹泥岩、碳质层地区寻找地下水：如在白垩纪、侏罗纪的红层，三叠纪、二叠纪、石炭纪中的砂页岩，以及泥岩中寻找地下水时，由于一次场源的分布极为不均，ρ_r 值变化较大，往往会导致异常较为混乱，整条测线的重复观测质量相对较差。

4）在变质岩地区寻找地下水：一次场源在变质岩中的分布有时较为稳定，有时则不稳定而导致 ρ_r 值变化较大。这主要取决于变质岩的成分，以及所受地质构造产生的影响。

一般而言，在勘探地下水的过程中，含水层产生的 ρ_r 异常特征不会被一次场源的变化所掩盖。这是因为含水层产生的 ρ_r 异常特征一般比较明显，而一次场的不规则变化相对不明显。

（2）天然电场选频法一次场源的变化特点：

1）受人文因素影响较大。在工业用电较为集中的区域，如在城镇和工矿区附近，天然电场选频法的场源主要由游散电流所形成的大地电磁场构成，其次由雷电和其他因素所产生的大地地磁场构成。因此，天然电场选频法的一次场源在城镇地区比在农村地区强，在矿区周围比在非矿区强，而在偏远地区及荒漠无人区则表现较弱。

2）在同一地点的相同时间段内，一次场具有相同的变化规律。例如在今日上午 10 时观测的异常曲线与在昨日上午 10 时观测的异常曲线具有同形性。

3）随季节更替而发生规律性变化。一般具有在夏秋季节较强而在冬春季节较弱的特点。特别是在每年 12 月到来年 2 月的这段时间内，是一次场最弱的时期。

4）雷雨期间一次场的稳定性较差，建议尽量避免在此期间开展野外测量工作。

5）沙漠、戈壁滩及冻土层等勘探环境会对一次场的测量产生一定影响。在沙漠或戈壁滩地区开展测量工作时，可以提前在插入测量电极之处灌浇水或饱和盐水以改善接地条件。在冻土层上开展测量工作时，应当让测量电极穿透冻土层以改善接地条件从而更好地获取大地电场信号。

6）一次场还具有明显的方向性。一般而言，天然电场选频法的一次场具有在南北方向电场强度较强，而在东西方向电场强度相对较弱的一般规律。但是，在游散电流较强的干扰地区（如高压线、变压器附近）或地质情况较为复杂的地区（如岩层变化复杂，砂页岩、泥岩、碳质岩层互相掺杂，岩层厚薄变化多样，或有断层破碎带存在的区域），天然电场选频法一次场的这种方向性规律就不一定会出现。了解测区一次场大致的方向性分布规律，会对测量工作有所帮助。

1.1.5　天然电场选频法场源的相对稳定性

尽管天然电场选频法的一次场变化受到诸多因素的影响，但在某一区域依然具有相对的稳定性，重复观测的 ρ_r 异常曲线的形态特征还是基本吻合的。我们能够在这些 ρ_r 异常曲线中找出其中的变化规律，并做出合理的地质解释和地质推断。如图 1-5 为河南省崔庙乡马蹄坡地区马东村机井 2 号测线重复观测对比 ρ_r 剖面异常图，其中实线为作者在 1983 年 4 月 15 日定井位时获得的 ρ_r 剖面异常曲线，虚线为 1984 年 6 月 1 日由中南五省物探情报网找水专题会议组织的代表进行现场测量时获得的 ρ_r 剖面异常曲线。两次观测的测线方向均为东西向，$MN=20m$，点距 =10m，机井位置位于 4 号测点。从图中可以看出，虽然观测时间相隔 1 年多，但两次在不同时间段测量所获得的异常曲线的形态特征基本不变，异常曲线的重复性较好，ρ_r 异常均反映出地下含水层的存在。这次专题会议组织代表进行野外实地考察，目的是论证天然电场选频法的可靠性和可行性，以及能否真实且稳定地反映出地质体产生的异常。在后文 3.7 节"天然电场选频法野外工作的质量检查和质量评价"一节中，也有大量野外工作实例证明天然电场选频法的场源是相对稳定的。

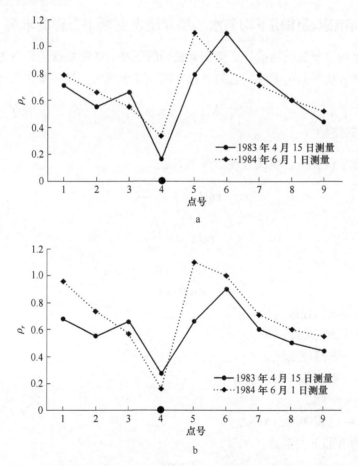

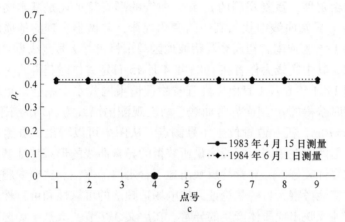

图 1-5　重复观测对比 ρ_r 剖面异常图

a—f=25Hz；b—f=67Hz；c—f=170Hz

1.2　平面电磁场作用下均匀水平层介质麦克斯韦方程的求解

天然电场选频法的场源属于交变电磁场的范畴。在距场源较远的地方，这种场源可以被看成平面电磁波，它的分布方向垂直于地面，场的变化规律服从麦克斯韦方程。

1.2.1　公式推导

在国际单位制中，麦氏方程组有如下形式：

$$\text{rot}\boldsymbol{H} = \boldsymbol{j} + \frac{\partial \boldsymbol{D}}{\partial t} \tag{1-1}$$

$$\text{rot}\boldsymbol{E} = -\frac{\partial \boldsymbol{B}}{\partial t} \tag{1-2}$$

$$\text{div}\boldsymbol{B} = 0 \tag{1-3}$$

$$\text{div}\boldsymbol{D} = 0 \tag{1-4}$$

式中　$\boldsymbol{E}$——电场强度，V/m；

　　　$\boldsymbol{H}$——磁场强度，A/m；

　　　$\boldsymbol{B}$——磁感应强度，T；

　　　$\boldsymbol{D}$——电位移矢量，C/m^2；

　　　t——时间，s；

　　　$\boldsymbol{j}$——电流密度，A/m^2。

又因为有如下关系式：

$$\boldsymbol{D} = \varepsilon \boldsymbol{E} \tag{1-5}$$

$$j = \frac{E}{\rho} \tag{1-6}$$

$$B = \mu H \tag{1-7}$$

式中 ε——介质的介电常数；

ρ——介质电阻率，$\Omega \cdot m$；

μ——介质的磁导率，H/m。

将式（1-5）~式（1-7）代入式（1-1）~式（1-4），整理后得如下方程式：

$$\mathbf{rot}H = \frac{E}{\rho} + \varepsilon \frac{\partial E}{\partial t} \tag{1-8}$$

$$\mathbf{rot}E = -\mu \frac{\partial H}{\partial t} \tag{1-9}$$

$$\mathrm{div}H = 0 \tag{1-10}$$

$$\mathrm{div}E = 0 \tag{1-11}$$

假设地面是水平的，地下介质是均匀各向同性的，且电阻率为 ρ。由于是均匀各向同性介质，方程式中的介质物理性质对时间和位置的导数可以取消。对式（1-9）两边取旋度得式（1-12）：

$$\mathbf{rot} \cdot \mathbf{rot}E = -\mu \cdot \mathbf{rot} \frac{\partial H}{\partial t} \tag{1-12}$$

再将式（1-8）对时间微分并乘以 μ，可以得式（1-13）：

$$-\frac{\mu}{\rho} \cdot \frac{\partial E}{\partial t} - \varepsilon\mu \frac{\partial^2 E}{\partial t^2} = -\mu \cdot \mathbf{rot} \frac{\partial H}{\partial t} \tag{1-13}$$

将式（1-12）与式（1-13）相减，可以得到一个不含 H 的方程式：

$$-\mathbf{rot} \cdot \mathbf{rot}E = \frac{\mu}{\rho} \frac{\partial E}{\partial t} + \varepsilon\mu \frac{\partial^2 E}{\partial t^2} \tag{1-14}$$

因为 $\mathbf{rot} \cdot \mathbf{rot}$ 的矢量恒等式有：

$$\mathbf{rot} \cdot \mathbf{rot}E = \mathbf{grad} \cdot \mathrm{div}E - \nabla^2 E$$

因为讨论的是在无源区，且又是均匀各向同性介质，所以有 $\mathrm{div}E = 0$，因此，

$$\mathbf{rot} \cdot \mathbf{rot}E = -\nabla^2 E$$

这样式（1-14）写为：

$$\nabla^2 E = \frac{\mu}{\rho} \frac{\partial E}{\partial t} + \varepsilon\mu \frac{\partial^2 E}{\partial t^2} \tag{1-15}$$

这就是将麦氏方程组（1-1）~（1-14）转化为波动方程（1-15）。实际上在式（1-15）中由于 E 为矢量，在直角坐标系中可以引出三个方程式；在特殊情况下，为求解方便，取直角坐标系原点在地面上；x 轴沿着地面且平行电流流动方向；y 轴在地面并垂直于 x 轴；z 轴向下。通过这样选择坐标，式（1-15）的三个直角坐标系方程式可以写成如下方程式：

$$\frac{\partial^2 E_x}{\partial z^2} = \frac{\mu}{\rho} \frac{\partial E_x}{\partial t} + \varepsilon\mu \frac{\partial^2 E_x}{\partial t^2} \tag{1-16}$$

式（1-16）是一个普通型的波动方程式。由于大地电磁场是准周期变化的，所以这个初始方程式必有一个周期性的特解，即：

$$E_x = A e^{i\omega t + rz} \tag{1-17}$$

把这个假设的解代入初始方程式（1-16），求出 r 的解为：

$$r = \pm \left(\frac{i\omega\mu}{\rho} - \varepsilon\mu\omega^2 \right)^{\frac{1}{2}} \tag{1-18}$$

r 参数是弧度长度的倒数，称为波数。由于天然电场选频法所使用的工作频率较低，一般在 $10 \sim 2000\text{Hz}$ 范围以内，因此不用考虑位移电流的影响。这样式（1-18）中第二项就可以略去，得到：

$$r = \pm \left(\frac{i\omega\mu}{\rho} \right)^{\frac{1}{2}} \tag{1-19}$$

波数是一个复数，它由实部和虚部组成，其在波动方程中的解是以指数形式出现，它的物理意义是：实部表示电磁波在传播途径中振幅呈指数衰减；虚部表示电磁波在传播方向振幅的振荡性质。

把波数分为实部和虚部可以得到：

$$\pm r = \sqrt{\frac{\omega\mu}{\rho}} \cdot \sqrt{+ i} = \frac{1 + i}{\sqrt{z}} \cdot \sqrt{\frac{\omega\mu}{\rho}}$$

$$= \left(\frac{\omega\mu}{2\rho} \right)^{\frac{1}{2}} + i \left(\frac{\omega\mu}{2\rho} \right)^{\frac{1}{2}} \tag{1-20}$$

我们主要研究的是电磁波随深度的衰减情况，这涉及该物探方法的勘探深度问题。所以在这里只讨论式（1-20）实部变化情况。假设地面处 $z = 0$ 的电场强度为 E_{x0} 则有：

$$E_{x0} = A e^{i\omega t} \tag{1-21}$$

定义地下某一深处的电场强度为 E_x，当 E_x 衰减到地表的电场强度 E_{x0} 的 $1/e$ 倍时（即 E_x 为 E_{x0} 的 36.8%），这个深度为电磁波的穿透深度，用 δ 表示。根据式（1-20）和上述定义可以得到：

$$\delta = \sqrt{\frac{2\rho}{\omega\mu}} \tag{1-22}$$

式（1-22）在国际单位中 $\mu = 4\pi \times 10^{-7}\text{H/m}$，化简得到：

$$\delta = 503.5 \sqrt{\frac{\rho}{f}} \tag{1-23}$$

下面，返回来求式（1-16）的通解。式（1-16）中复波数有两个解，因为任何特解的线性组合也是微分方程的通解，即：

$$E_x = Ae^{i\omega t + rz} + Be^{i\omega t - rz} \tag{1-24}$$

式（1-24）给出了电流在介质中流动的方程式，这个电流将产生一个磁场，而这个磁场随时间的变化规律与电流随时间的变化规律相同，即：

$$H_y = H_{y0}e^{i\omega t} \tag{1-25}$$

磁场对时间的导数为：

$$\frac{\partial H_y}{\partial t} = i\omega H_{y0}e^{i\omega t} = i\omega H_y \tag{1-26}$$

将式（1-26）代入式（1-9），有：

$$\mathbf{rot}E = -i\mu\omega H_y$$

$$\frac{\partial E_x}{\partial Z} = -i\mu\omega H_y \tag{1-27}$$

用电场强度公式代入式（1-26），最后整理得到：

$$H_y = \frac{-r}{i\omega\mu}(Ae^{i\omega t + rz} - Be^{i\omega t - rz}) \tag{1-28}$$

将电场强度与磁场强度之比称为介质的波阻抗，可以表示平面电磁波的传播特性。波阻抗取决于介质的电学性质和频率。将式（1-24）与式（1-28）相比可以得到波阻抗为：

$$Z = \frac{E_x}{H_y} = \frac{-i\mu\omega}{r}\frac{Ae^{rz} + Be^{-rz}}{Ae^{rz} - Be^{-rz}} \tag{1-29}$$

在实际应用中，将式（1-29）中的分式化简为双曲线函数较为方便。具体化简过程是将式（1-29）的分子和分母除以 $\sqrt{AB}$ 项，然后用恒等式：

$$\sqrt{\frac{A}{B}} = e^{\ln\sqrt{AB}}$$

代入进行整理得到：

$$Z = \frac{E_x}{H_y} = \frac{i\mu\omega}{r}\coth\left(rz + \ln\sqrt{\frac{A}{B}}\right) \tag{1-30}$$

式（1-30）中的系数 A、B 系数可采用边界条件和初始条件求得。当地下介质完全是各向同性均匀介质时，地表的波阻抗为：

$$Z = \frac{i\omega\mu}{r} = i\omega\mu\left(\frac{\rho}{i\mu\omega}\right)^{\frac{1}{2}} \tag{1-31}$$

将式（1-31）移项整理得到：

$$\rho = \frac{i}{\mu\omega}Z_0^2 = \frac{i}{\mu\omega}\left(\frac{E_x}{H_y}\right)^2 \tag{1-32}$$

与电阻率法的处理方法相同，式（1-32）是在地下为均匀各向同性介质的前提下推导出来的公式。而在野外实际测量工作中，地下为非均匀介质，这时可将 ρ 定义为视电阻率 ρ_s：

$$\rho_s = \frac{i}{\mu\omega}\left(\frac{E_x}{H_y}\right)^2 \tag{1-33}$$

式中的 i 表示磁场强度与电场强度的震荡之间存在 45° 的相位差，采用国际单位制，则可将式（1-33）简化为：

$$\rho_s = \frac{1}{5f}\left(\frac{E_x}{H_y}\right)^2 \tag{1-34}$$

式中　ρ_s——视电阻率，$\Omega \cdot m$；

　　　f——测量频率，Hz；

　　　E_x——交变电场 x 方向的电场强度，mV/km；

　　　H_y——交变磁场 y 方向的磁场强度，A/m。

式（1-34）体现了视电阻率 ρ_s、波阻抗 $\frac{E_x}{H_y}$ 与测量频率 f 之间的关系。式（1-34）指出，通过测量获得的不同频率的波阻抗，可以求出各个测量频率的视电阻率值，从而了解地下不同深度的电性变化情况，进而推断地下地质体的存在与变化情况。

天然电场选频法仅测量大地电磁场不同频率产生的电场水平分量（E_x 或 E_y）的电场强度，即对电场水平分量进行了选频，属于大地电磁场勘探方法中只测量电场水平单一分量的方法。为了将式（1-34）作为天然电场选频法异常解释的定性分析公式，设 H_y 分量值较小或为某一定值时，可暂时忽略该分量。则：

$$\rho_s \approx \frac{1}{5f}(E_x)^2 \tag{1-35}$$

此时，ρ_s 被近似视为只与 f 和 $(E_x)^2$ 有关。

可见式（1-35）中的 ρ_s 量纲关系与 f、E_x 量纲关系之间没有对应关系，而在实际测量中所获得的 $E_x(\Delta V)$ 与不同的测量频率有密切关系。为了更本质地反映天然电场选频法测量的物理量实质，作者将式（1-35）的 ρ_s 视电阻率定义为 ρ_r，并称为"无量纲电阻率"，用式（1-36）表示，这个公式就是天然电场选频法定性分析异常的公式。

$$\rho_r \approx \frac{1}{5f}(E_x)^2 \tag{1-36}$$

1.2.2　公式讨论

天然电场选频法的原理主要依据的是式（1-23）和式（1-36）。

（1）式（1-23）说明了电磁波的穿透深度 δ 与测量频率 f 以及地下介质的电阻率 ρ 之间的关系。

$$\delta = 503.5\sqrt{\frac{\rho}{f}}$$

1）当介质电阻率 ρ 为一个定值时，测量频率 f 越低，电磁波的穿透深度 δ 就越深，反之则越浅。因此在测量工作中可以通过改变测量频率，来达到改变勘探深度的目的。大地电磁测深法（MT 法）的测深原理就是以此公式为指导的。这个公式也是天然电场选频法的频率测深法的基本原理，同时还是指导天然电场选频仪设计的基本原理。

2）当测量频率 f 为一个定值时，地下介质的电阻率 ρ 越高，电磁波的穿透深度 δ 就越深，反之则越浅。

天然电场选频法根据自身的特点，原则上可以将此公式作为频率测深法的依据。但是在具体应用过程中，还要结合当地的地层电性、地质条件、干扰情况以及测量频率的选择等各种因素综合分析，并对测量数据进行适当处理，这样才能获得有效的地质效果。

（2）式（1-36）说明的是无量纲电阻率 ρ_r、测量频率 f 和电场强度 E_x 之间的关系。

$$\rho_r = \frac{1}{5f}(E_x)^2$$

由式（1-36）可知，测量获得的电场强度 E_x 值越大，无量纲电阻率 ρ_r 值越大；电场强度 E_x 值越小，无量纲电阻率 ρ_r 值越小。也即，在某处测量得到的电场强度 E_x 值越大，说明该处的无量纲电阻率 ρ_r 值越大，该处的地质层导电性较差，属于高阻地质层；反之，在某处测量得到的电场强度 E_x 值越小，说明该处的无量纲电阻率 ρ_r 值越小，该处的地质层导电性良好，属于良导体地质层。因此，在野外测量工作中，可以通过对测量获得的电场强度 E_x 值的相对大小来分析和判断地下电性层的导电性能，即地下电性层是属于高阻层还是低阻层。因此，该公式可以作为天然电场选频法定性分析异常曲线的公式。

（3）电阻率法获得的视电阻率 ρ_s 和天然电场选频法获得的无量纲电阻率 ρ_r 之间的相同之处和不同之处。

1）相同之处体现为两点：首先，二者均能反映出地下电性的相对变化情况；其次，二者获得的剖面异常曲线的形态、特点以及异常曲线反映出该地质体的性质（低阻或高阻）是基本相同的。对此，可以用下述低阻矿体和高阻矿体的模型实验结果以及野外勘探地下水（或矿）获得的实测剖面异常图来进行说明。

低阻导电矿体可以参考模型实验结果图 1-6 与野外实测结果图 1-7、图 1-8

（广西冶金勘探公司二七二队资料）。

图 1-6 为中间梯度装置倾斜铜板交流电法模型实验。实验的铜板（35cm×26cm×0.3cm）埋深 $h = 2.2$cm，倾角 $\alpha = 45°$。测量条件为 $AB = 120$cm，$I = 800$mA，$f = 24$Hz，$MN = 2$cm，点距 = 2cm。测量结果为 MN 沿测线方向测量获得的 ρ_r 剖面异常图和 ρ_s 剖面异常图。

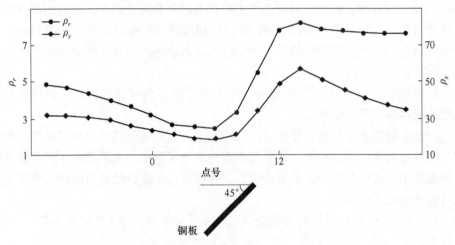

图 1-6　中间梯度装置倾斜铜板交流电法模型实验剖面异常图

图 1-7 为某铅锌矿、黄铁矿区试验剖面 ρ_s 和 ρ_r 剖面异常对比图。其中 ρ_s 为电阻率法的对称四极法获得的剖面图异常图（$AB = 220$m，$MN = 20$m，点距 = 20m），ρ_r 为天然电场选频法获得的剖面图异常图（$MN = 20$m，点距 = 20m）。

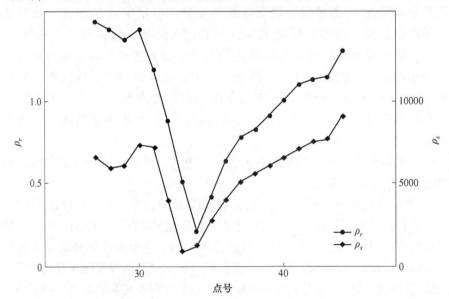

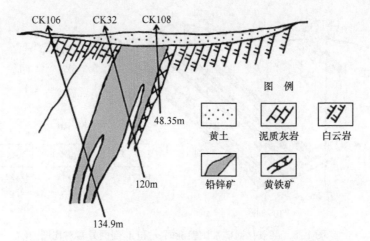

图 1-7 某铅锌矿、黄铁矿区试验剖面 ρ_s 和 ρ_r 剖面异常对比图

图 1-8 为某氧化锰矿带试验剖面 ρ_s 和 ρ_r 剖面异常对比图。其中 ρ_s 为电阻率法的对称四极法获得的剖面图异常图（$AB = 220\mathrm{m}$，$MN = 20\mathrm{m}$，点距 $= 20\mathrm{m}$）。ρ_r 为天然电场选频法获得的剖面图异常图（$MN = 20\mathrm{m}$，点距 $= 20\mathrm{m}$）。

从上述剖面异常图 1-6～图 1-8 可以看出，在同一低阻矿体上电阻率法获得的 ρ_s 剖面异常曲线和天然电场选频法获得的 ρ_r 剖面异常曲线的形态和特点是基本相同的。

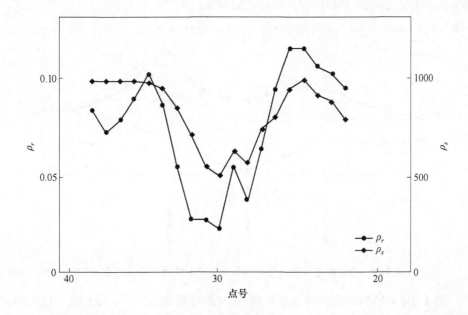

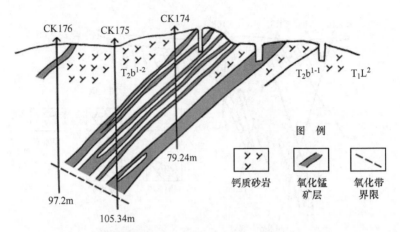

图 1-8　某氧化锰矿带试验剖面 ρ_s 和 ρ_r 剖面异常对比图

　　高阻矿体可以参考图 1-9 中间梯度装置垂直板体组合交流电法模型实验的结果。实验的胶木板 1 和胶木板 3（均为 33cm×26cm×0.3cm）埋深分别为 $h_1 = 2.5$cm，$h_3 = 2$cm；铜板 2（35cm×26cm×0.3cm）埋深 $h_2 = 2.5$cm；胶木板 1 和铜板 2 以及铜板 2 和胶木板 3 之间的间距均为 8cm。测量条件为 $AB = 120$cm，$I = 800$mA，$f = 24$Hz，$MN = 2$cm，点距 = 2cm。测量结果为 MN 沿测线方向测量获得的 ρ_r 剖面异常图和 ρ_s 剖面异常图。从图 1-9 可以看出在高阻矿体（胶木板）上，电阻率法获得的 ρ_s 剖面异常曲线和天然电场选频法获得的 ρ_r 剖面异常曲线的形态和特点也是基本相同的，均为高阻异常。

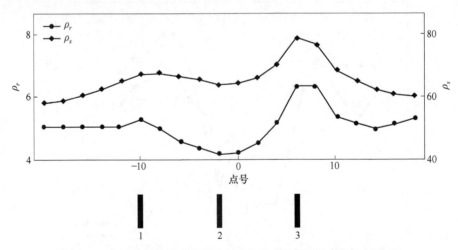

图 1-9　中间梯度装置垂直板体组合交流电法模型实验剖面异常图

　　图 1-10 为勘探高阻石英脉金矿的 ρ_r 剖面异常综合图（$f = 25$Hz，$MN = 20$m，点距 = 5m），其 ρ_r 剖面异常性质和图 1-9 相同。

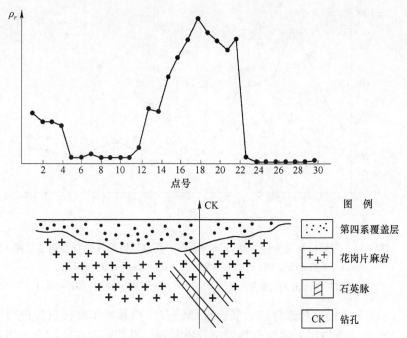

图 1-10　吉林省某石英脉金矿区 ρ_r 剖面异常综合图

图 1-11 和图 1-12 出自广西第二水文地质工程地质队于 1987 年 6 月撰写的题目为《天然电场选频法在南方岩溶地区寻找地下水的效果》的地质报告。该报告一方面阐述了天然电场选频法在广西一些严重缺水的岩溶干旱地区所取得的良好找水效果，另一方面也将天然电场选频法、电阻率法的联合剖面法和对称四极法在同一剖面进行了实测对比。可以看出，天然电场选频法和电阻率法二者获得的地质效果是相同的，即天然电场选频法反映出的 ρ_r 剖面异常和电阻率法反映出的 ρ_s 剖面异常的特点和性质是相同的。

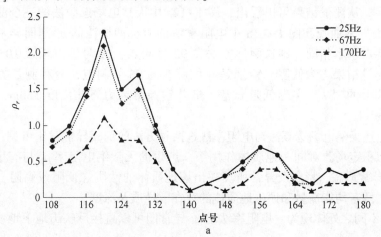

a

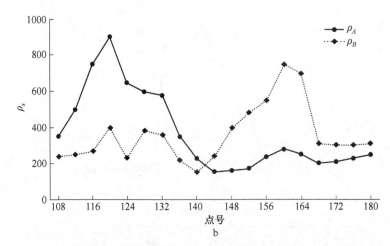

图 1-11　天然电场选频法、联合剖面法在广西黎塘镇凌村机井实测结果图

a—天然电场选频法 ρ_r 剖面异常曲线 （$MN=20m$，点距=10m）；

b—联合剖面法 ρ_s 剖面异常曲线 （$AO=BO=220m$，$MN=20m$，点距=10m）

图 1-11 为天然电场选频法、联合剖面法在广西黎塘镇凌村机井进行实测的结果。该地区主要地层岩性为石灰岩白云质灰岩。机井钻探在断层上，终孔深度166m。机井的上部为角砾岩，胶结较好，出水段在 117m 以下，单井涌水量40m³/h。从曲线图的对比结果来看，图 1-11a 中天然电场选频法三个测量频率的 ρ_r 剖面异常在 140 号测点为低阻；图 1-11b 中联合剖面法的 ρ_s^A 和 ρ_s^B 的正交点在140 号测点附近。从图 1-11 可以看出，天然电场选频法和联合剖面法的异常对应得很好，而钻探结果也验证了使用天然电场选频法和联合剖面法所确定的井位是正确的。

图 1-12 为天然电场选频法和电阻率法的对称四极法在广西黎塘镇氮肥厂机井进行剖面测量的结果。该地区被第四系地层覆盖，附近山上出露的岩层为灰岩地层。从测量结果可以看出，图 1-12a 中天然电场选频法的三个测量频率的 ρ_r 剖面异常曲线和图 1-12b 中电阻率法的对称四极法的 ρ_s 剖面异常曲线的形态和特点基本相同，即这两种方法在 93 号测点、99 号测点以及 105 号测点三处的测量结果均为低阻，特别是井位所在的 93 号测点，两种测量方法均反映出了典型的 "V" 字形低阻异常。机井钻探结果为终孔深度160m，单井涌水量 32m³/h。

从上述天然电场选频法与电阻率法这两种方法的剖面异常对比可见，在稳定场源与似稳定场源对同一地质体作用下，产生的无量纲电阻率 ρ_r 与有量纲电阻率 ρ_s 的异常形态、特点及异常所反映出该地质体的性质（低阻或高阻）是基本相同的。两者均能衡量和评价地质体的存在、性质及深度。

2）不同之处体现为：电阻率法的 ρ_s 异常图可以直接反映出地下地质体的具

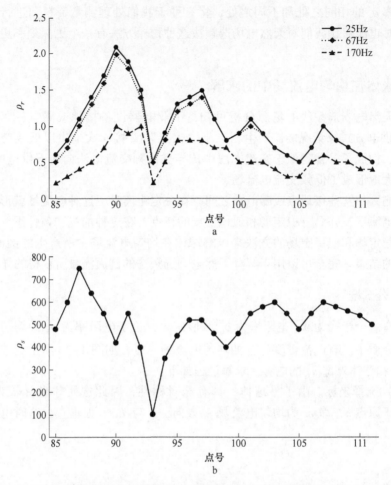

图 1-12 天然电场选频法和电阻率法的对称四极法在广西黎塘镇氮肥厂机井实测结果图

a—天然电场选频法 ρ_r 剖面异常曲线（$MN=20\mathrm{m}$，点距 $=10\mathrm{m}$）；

b—对称四极法 ρ_s 剖面异常曲线（$AB=220\mathrm{m}$，$MN=20\mathrm{m}$，点距 $=10\mathrm{m}$）

体视电阻率数值的大小，可以根据具体视电阻率值的大小变化来分析和判断地下地质体具体的电性变化情况，比较具体、现实和直观。而天然电场选频法的 ρ_r 异常图不能确切、具体地获得地下地质体的视电阻率数值的大小，只能依据测量所获得的 ρ_r 数据来构制 ρ_r 异常曲线图，然后根据 ρ_r 异常曲线图中 ρ_r 异常值的相对大小以及图形的变化特点来分析和判断地下地质体的电性变化情况。也就是说，天然电场选频法是根据测量所获得的异常值的相对变化情况以及异常曲线的形态变化特点这两个方面来分析和判断地下地质体的情况。由于存在这些不同点，致使两者在分析和解释异常的工作中，各有自己的特点和做法。

总之，了解天然电场选频法的无量纲电阻率 ρ_r 与电阻率法和 MT 法的有量纲

视电阻率 ρ_s 的相同之处和不同之处，将有助于我们处理测量资料和进行异常分析，同时也能够让我们对天然电场选频法这种物探方法有一个更深刻和更本质的认识。

1.3　球体在均匀电流场中的求解

从天然电场选频法的场源分析可知，工业电器设备接地或漏电、"二线一地"制供电方式等情况能够产生相当于"人工"直接向大地供以低频交流电流的效果，构成了一种类似于交流电法中传导类低频交流电法向地下供电的方式，从而在大地形成了低频交流电流场。

当测区与这些接地点或漏电点之间存在一定距离时，这种电流场就形成了低频均匀电流场，并具有稳定场和似稳定场的特点。在这种前提和条件下，我们可以采用稳定场和似稳定场的方法来求解球体在均匀电流场中所产生的剖面异常，而求解的结果则完全可以用于解释天然电场选频法的剖面测量所获得的异常。

1.3.1　公式推导

设有一个半径为 a，电阻率为 ρ_0 球形矿体，位于电阻率为 ρ_1 的均匀各向同性无限介质中。有电流密度为 j_0 的均匀电流场通过，如图 1-13 所示，求解球体内部 u_0 和球体外部 u_1 的电势。求解过程如下：

（1）选择坐标。由于是球体，具有球对称性，因此选用球坐标较为合适。球心位于原点 o，取 oz 为均匀电流场 j_0 方向，j_0 与 x，y 轴垂直，这时电势分布

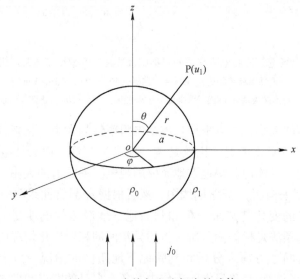

图 1-13　在均匀电流场中的球体

以 z 轴为对称轴，因此电势函数仅与 r、θ 有关，与 φ 无关，满足拉普拉斯方程（简称拉氏方式）。

$$\frac{\partial}{\partial r}\left(r^2\frac{\partial u}{\partial r}\right) + \frac{1}{\sin\theta}\cdot\frac{\partial}{\partial\theta}\left(\sin\theta\frac{\partial u}{\partial\theta}\right) = 0 \tag{1-37}$$

其通解为：

$$u = \sum_{n=0}^{\infty}\left(A_n r^n + \frac{B_n}{r^{n+1}}\right)\mathrm{P}_n(\cos\theta) \tag{1-38}$$

式中　$\mathrm{P}_n(\cos\theta)$ ——勒让德函数；

　　　　A_n，B_n——待定系数。

（2）提出边界条件。

1）由于势在所有各个点上都是有限且连续的。所以有

当 $r\to\infty$ 时：u_1 为有限值，故均匀场的势为：$u_1 = -j_0\rho_1 r\cos\theta$。

当 $r\to 0$ 时：u_0 保持有限值。

2）在界面上，由于势是连续的，即：$u_0 = u_1$。

3）在界面上，电流密度的法线分量是连续的，即：

$$\frac{1}{\rho_0}\cdot\frac{\partial u_0}{\partial r} = \frac{1}{\rho_1}\cdot\frac{\partial u_1}{\partial r}$$

（3）利用边界条件从通解中求特解。球体内和球体外的位势结构为：

$$u_0 = \sum_{n=0}^{\infty}\left(A_n r^n + \frac{B'_n}{r^{n+1}}\right)\mathrm{P}_n(\cos\theta) \tag{1-39}$$

$$u_1 = -j_0\rho_1 r\cos\theta + \sum_{n=0}^{\infty}\left(A'_n r^n + \frac{B_n}{r^{n+1}}\right)\mathrm{P}_n(\cos\theta) \tag{1-40}$$

从边界条件 1）知：

当 $r\to 0$ 时：$\dfrac{B'_n}{r^{n+1}}\to\infty$，所以 u_0 中的 $\dfrac{B'_n}{r^{n+1}}$ 项不符合题意，此项舍去。

当 $r\to\infty$ 时：$A'_n r^n\to\infty$，所以 u_1 中的 $A'_n r^n$ 项舍去。

则式（1-39）、式（1-40）可写为：

$$u_0 = \sum_{n=0}^{\infty}(A_n r^n)\mathrm{P}_n(\cos\theta) \tag{1-41}$$

$$u_1 = -j_0\rho_1 r\cos\theta + \sum_{n=0}^{\infty}\left(\frac{B_n}{r^{n+1}}\right)\mathrm{P}_n(\cos\theta) \tag{1-42}$$

由边界条件 2）知：$u_0 = u_1$，所以：

$$\sum_{n=0}^{\infty}A_n a^n\mathrm{P}_n(\cos\theta) = -j_0\rho_1 a\cos\theta + \sum_{n=0}^{\infty}\frac{B_n}{r^{n+1}}\mathrm{P}_n(\cos\theta)$$

当 $n=1$ 时，比较 $\mathrm{P}_n(\cos\theta)$ 系数得：

$$A_1 a = \frac{B_1}{a^2} - j_0 \rho_1 a \tag{1-43}$$

由边界条件 3) 知：

$$\frac{1}{\rho_0} \cdot \frac{\partial u_0}{\partial r} = \frac{1}{\rho_1} \cdot \frac{\partial u_1}{\partial r}$$

$$\frac{1}{\rho_0} \sum_{n=0}^{\infty} n A_n a^{n-1} \mathrm{P}_n(\cos\theta) = -j_0 \rho_1 a \cos\theta - \frac{1}{\rho_1} \sum_{n=0}^{\infty} (n+1) \frac{B_n}{a^{n+1}} \mathrm{P}_n(\cos\theta)$$

当 $n = 1$ 时，比较 P_n 系数得：

$$\frac{1}{\rho_0} A_1 = -j_0 - \frac{2}{\rho_1} \frac{B_1}{a^3} \tag{1-44}$$

将式 (1-43) 和式 (1-44) 联立，就可求得 A_1 和 B_1 的值：

$$A_1 = \frac{\rho_1 - \rho_0}{\rho_1 + 2\rho_0} j_0 \rho_1 \tag{1-45}$$

$$B_1 = \frac{\rho_1 - \rho_0}{\rho_1 + 2\rho_0} j_0 \rho_1 a^3 \tag{1-46}$$

当 $n = 1$ 时，可以证明：式 (1-41) 和式 (1-42) 两式一般无解 (除 $A_n = B_n = 0$ 外)。将 A_1 和 B_1 的值代入式 (1-41) 和式 (1-42)，就可求解得 u_0 和 u_1 的值：

$$u_0 = -\left(1 - \frac{\rho_1 - \rho_0}{\rho_1 + 2\rho_0}\right) j_0 \rho_1 r \cos\theta \tag{1-47}$$

$$u_1 = -\left[1 - \frac{\rho_1 - \rho_0}{\rho_1 + 2\rho_0}\left(\frac{a}{r}\right)^3\right] j_0 \rho_1 r \cos\theta \tag{1-48}$$

式 (1-48) 为在充满全空间均匀各向同性 (电阻率为 ρ_1) 介质的均匀电场中，放置一个半径为 a，电阻率为 ρ_0 的球形矿体，球外任意一点的场位。

1.3.2 公式讨论

(1) 场位的结构。我们感兴趣的是球体外场位的变化情况，所以重点讨论球体外场位。从式 (1-48) 可以看出：球体外势场 u_1 由两部分电场叠加而成。

1) 原来的均匀场的电势，也可称为一次场：

$$u = -j_0 \rho_1 r \cos\theta$$

2) 球体在均匀场中感应所产生的感应场。也即在一次场作用下，球体产生的二次场，也可以称为异常场，写成下式：

$$u' = \frac{M \cos\theta}{r^2} \tag{1-49}$$

式中：

$$M = \frac{\rho_1 - \rho_0}{\rho_1 + 2\rho_0} a^3 j_0 \rho_1 \tag{1-50}$$

M 称为电偶极子的偶极矩。

由式 (1-49) 和式 (1-50) 可知：均匀介质中的球体在均匀电流场的作用下，所产生的二次场（感应场）相当于一个偶极矩为 M 的电偶极子放在球心位置处所产生的场位。

(2) 公式的应用。将球体在均匀场作用下产生的二次场简化为电偶极子产生的场用于分析天然电场选频法剖面测量获得的异常场会非常方便和实用。

在分析天然电场选频法的剖面异常时，由于一次场场源的性质、大小、激发方向、地质体与围岩之间的电性差异以及干扰因素等不同，剖面上产生出的 ρ_r 异常的形态和特点也不同，进而形成复杂的剖面异常。这时，可以利用偶极子的不同极轴的方向变化，以及不同极轴方向组合产生的异常，来分析产生复杂异常的原因。这种分析方法可以解决很多实际地质问题，例如在寻找岩溶水时，确定溶洞的位置以及区分该溶洞是充水溶洞还是空洞；在勘探矽卡岩型矿床时，寻找在接触带形成的球状、囊状或鸡窝状矿体；在工程勘探中，确定地下洞穴、采空区及古墓等。

1.3.3　球体的 ρ_s 异常曲线

上述式 (1-48) 为球体处于充满 ρ_1 均匀介质全空间球体外某点的场位公式。为求得球体在半无限空间的场位，我们根据电象法原理和加倍原理，将式 (1-48) 的异常部分加倍，求得在地面上的场位公式：

$$u_1 = -\left[1 - 2\frac{\rho_1 - \rho_0}{\rho_1 + 2\rho_0} \left(\frac{a}{r} \right)^3 \right] j_0 \rho_1 r\cos\theta \tag{1-51}$$

式中，r 为观测点 M 到球心 O' 之间的距离，$r = \sqrt{x^2 + h^2}$，各项参数如图 1-14 所示。

沿 x 轴方向的电场强度为：

$$E = -\frac{\partial u}{\partial x}$$

对式 (1-51) 求 x 微分得：

$$E_x = \left[1 - 2\frac{\rho_1 - \rho_0}{\rho_1 + 2\rho_0} a^3 \frac{h^2 + 2x^2}{(x^2 + h^2)^{5/2}} \right] j_0 \rho_1 \tag{1-52}$$

式中，j_0 为均匀场的正常电流密度；$j_0\rho_1$ 为均匀场的正常电场强度。

又因为：

$$\rho_s = \frac{j_{MN} \cdot \rho_{MN}}{j_0} = \frac{E}{j_0} \tag{1-53}$$

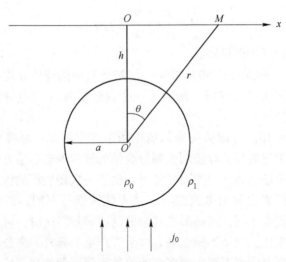

图 1-14　在均匀电流场中的球体的各项参数图

将式（1-52）代入式（1-53）得：

$$\rho_s = \rho_1 \left[1 - 2\,\frac{\rho_1 - \rho_0}{\rho_1 + 2\rho_0}\,a^3\,\frac{h^2 - 2x^2}{(x^2 + h^2)^{5/2}} \right]$$

$$\frac{\rho_s}{\rho_1} = \left[1 - 2\,\frac{\rho_1 - \rho_0}{\rho_1 + 2\rho_0}\,a^3\,\frac{h^2 - 2x^2}{(x^2 + h^2)^{5/2}} \right] \tag{1-54}$$

根据式（1-54）可计算出球体的 ρ_s 剖面异常图。

图 1-15 为低阻导电球体在均匀电场作用下所产生的 ρ_s 剖面异常图。这也是应用天然电场选频法在寻找岩溶地区充水溶洞等过程中，所产生的典型"V"字形 ρ_r 低阻剖面异常图的理论计算图。

计算条件：$\rho_0 = 0$；$\rho_1 = 1$；$h = 1.5$；$a = 1$。

数值：

点号（x）	0	0.5	1.0	1.5	2.0	2.5	3.0	3.5	4.0	5.0
ρ_s/ρ_1	0.41	0.64	0.97	1.10	1.236	1.098	1.074	1.056	1.042	1.024

图 1-16 为高阻球体在均匀电场作用下所产生的 ρ_s 剖面异常图。这也是应用天然电场选频法在寻找岩溶地区的空洞、工程地质中的空洞、非充水采空区、古墓等过程中，所产生的典型"∧"字形 ρ_r 高阻剖面异常图的理论计算图。

计算条件：$\rho_0 = 10$；$\rho_1 = 1$；$h = 1.5$；$a = 1$。

数值：

点号（x）	0	0.5	1.0	1.5	2.0	2.5	3.0	3.5	4.0	5.0
ρ_s/ρ_1	1.254	1.15	1.01	0.96	0.95	0.96	0.97	0.98	0.98	0.99

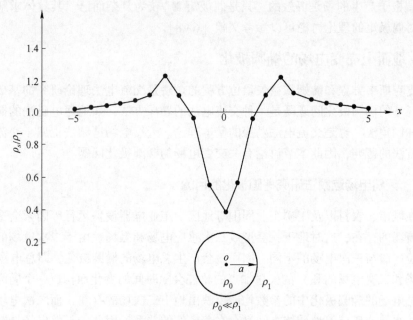

图1-15　低阻球体在均匀电流场中 ρ_s 剖面异常图

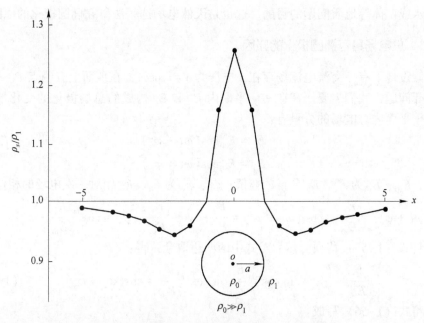

图1-16　高阻球体在均匀电流场中 ρ_s 剖面异常图

上述为球体在均匀电流场中的求解结果。理论计算表明，球体在均匀交变电磁场的作用下，球体内感应电流在球体外产生的二次场和球心处有一交变电（或磁）偶极子产生的场是等效的，只是偶极矩 M^* 较为复杂而已。其具体求解过程以及对偶极矩的理论讨论可以参考文献 [6~8]。

1.4　地面上交变电场的椭圆极化

麦克斯韦方程和赫姆霍兹矢量位方程的求解是交流电法理论研究的基础。交变电磁场的椭圆极化问题既是一种交流电法的勘探方法，如地面电磁法的椭圆极化法和倾角法，也是交流电法勘探的基本理论。天然电场选频法也属于交流电法勘探方法的范畴，因此本节讨论有关交变电场的椭圆极化问题。

1.4.1　天然电场选频法研究椭圆极化的目的

在城市、农村以及工矿企业周围等地区，工业电器设备运行等因素会造成游散电流场的存在，这时地下就会形成二次感应电场和磁场。由于二次电场的方向和相位一般与一次电场的不同，因而就会产生总电场的椭圆极化，即总电场（一次电场和二次电场的和）的矢量端点的轨迹会随时间的变化而构成一个椭圆。

总电场的椭圆极化中的参数均能反映出地下二次场的存在，而二次电场与被寻找的水层或矿层等地质体之间又存在着密切的关系。因此，天然电场选频法可以利用总电场椭圆极化的这种特性，来研究地下的地质情况，从而达到解决寻找地下水或矿体等地质问题的目的。这也是天然电场选频法研究椭圆极化的原因。

1.4.2　总电场具有椭圆极化的原因

假设地下有一交流电流场存在，电压为 $V=v\cos\omega t$，在地面上有测点 P。为解决实际问题，我们需要研究在 xPy 平面内 E_x 和 E_y 构成的总场极化的变化情况。在 xPy 平面内总电场的分量有：

$$E_x = E_{x0}\cos(\omega t + \varphi_x) \tag{1-55}$$
$$E_y = E_{y0}\cos(\omega t + \varphi_y)$$

式中，E_{x0}、E_{y0} 为 E_x、E_y 分量的幅值；φ_x、φ_y 为 E_x、E_y 相对一次电场的相位移；$\cos(\omega t + \varphi_x) = \dfrac{E_x}{E_{x0}}$；$\cos(\omega t + \varphi_y) = \dfrac{E_y}{E_{y0}}$；$\cos^{-1}\dfrac{E_x}{E_{x0}} - \varphi_x = \cos^{-1}\dfrac{E_y}{E_{y0}} - \varphi_y$。

将式（1-55）移项，然后对式中的两边取余弦得：

$$\frac{E_x}{E_{x0}} \cdot \frac{E_y}{E_{y0}} + \sin\cos^{-1}\frac{E_x}{E_{x0}}\sin\cos^{-1}\frac{E_y}{E_{y0}} = \cos(\varphi_x - \varphi_y) \tag{1-56}$$

将式（1-56）写成：

$$\frac{E_x}{E_{x0}} \cdot \frac{E_y}{E_{y0}} + \sqrt{\left[1 - \left(\frac{E_x}{E_{x0}}\right)^2\right]\left[1 - \left(\frac{E_y}{E_{y0}}\right)^2\right]} = \cos(\varphi_x - \varphi_y) \tag{1-57}$$

对式（1-57）两边平方，然后化简得：

$$\frac{E_x^2}{E_{x0}^2} + \frac{E_y^2}{E_{y0}^2} - 2 \cdot \frac{E_x E_y}{E_{x0} E_{y0}} \cdot \cos(\varphi_x - \varphi_y) = \sin^2(\varphi_x - \varphi_y) \qquad (1-58)$$

式（1-58）表示地面 P 点、电场强度为 E 的端点变化轨迹为一个椭圆，这就是 xPy 平面总电场的椭圆极化。该公式还说明，一般情况下椭圆的长、短轴不与 x 轴或 y 轴重合，但存在以下情况：

（1）当 φ_x 与 φ_y 相差 90°时，椭圆的长、短轴与 x 或 y 轴重合，椭圆的中心点在 P 点。

（2）当 $\varphi_x = \varphi_y$ 时，式（1-58）可写为：

$$\frac{E_x}{E_{x0}} = \frac{E_y}{E_{y0}}$$

此时，P 点总的电场强度向量端点轨迹为通过原点 P 的直线，这种情况被称为电场线性极化。

（3）当 $\varphi_x - \varphi_y = \dfrac{\pi}{2}$，且 $E_{x0} = E_{y0}$时，式（1-58）可写为：

$$E_x^2 + E_y^2 = E_0^2$$

P 点总的电场强度向量端点的轨迹为以 P 点为中心的圆，此时称 P 点的交变电场为圆极化。因此，天然电场选频法可以利用上述椭圆极化的变化规律和测量结果获得有意义的地质信息。

2 天然电场选频法的模型实验

由于缺乏模拟天然电磁场的专门实验室，因此作者只能借助交流电法的中间梯度装置和交流电法中的长导线法来开展模型实验工作，再根据实验结果说明无量纲电阻率 ρ_r 与视电阻率 ρ_s 之间的关系。由于作者在模型实验过程中主要研究剖面异常，使用的测量频率较低，位移电流的影响可以被忽略，且低频大地电磁场产生的电流场又与似稳电流场类似，因此作者所选用的装置能够基本满足本模型实验的要求。

2.1 模型实验装置

（1）交流电法的中间梯度实验装置如图 2-1 所示。

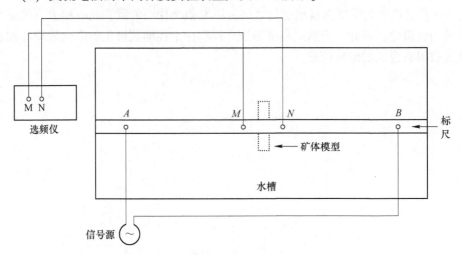

图 2-1 交流电法的中间梯度实验装置

（2）交流电法长导线法实验装置如图 2-2 所示。

2.2 模型实验结果

（1）中间梯度装置交流电法模型实验。

图 2-3 为中间梯度装置水平铜板交流电法模型实验剖面异常图。实验的铜板（35cm×26cm×0.3cm）埋深 $h=2$cm，倾角 $\alpha=0°$。测量条件为 $AB=120$cm，$I=800$mA，$f=24$Hz，$MN=2$cm，点距 = 2cm。测量结果为 MN 沿测线方向测量获得的

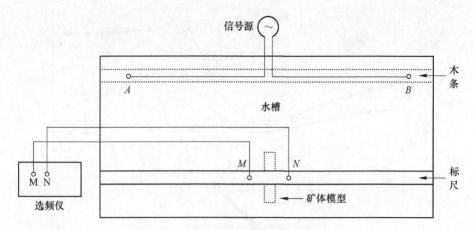

图 2-2 交流电法长导线法实验装置

ρ_r 剖面异常图和 ρ_s 剖面异常图。该模型实验结果表明，在水平低阻矿体（铜板）上可以测量获得对称的 ρ_r 和 ρ_s 低阻异常，并且两者的剖面异常形态特点基本相同。

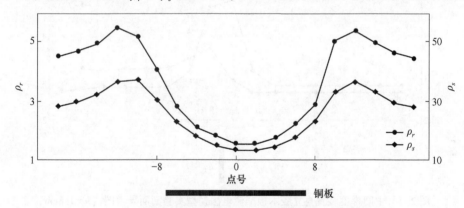

图 2-3 中间梯度装置水平铜板交流电法模型实验剖面异常图

图 2-4 为中间梯度装置倾斜铜板交流电法模型实验剖面异常图。实验的铜板（35cm×26cm×0.3cm）埋深 $h=2.2$cm，倾角 $\alpha=45°$。测量条件为 $AB=120$cm，$I=800$mA，$f=24$Hz，$MN=2$cm，点距=2cm。测量结果为 MN 沿测线方向测量获得的 ρ_r 剖面异常图和 ρ_s 剖面异常图。该模型实验结果表明，在倾斜低阻矿体（倾斜铜板）上可以测量获得不对称的 ρ_r 和 ρ_s 低阻异常，并且两者的剖面异常形态特点基本相同。

图 2-5 为中间梯度装置直立胶木板交流电法模型实验剖面异常图。实验的胶木板（33m×26cm×0.3cm）埋深 $h=1.8$cm，倾角 $\alpha=90°$。测量条件为 $AB=120$cm，$I=800$mA，$f=24$Hz，$MN=2$cm，点距=2cm。测量结果为 MN 沿测线方向测量获得的 ρ_r'' 剖面异常图和 MN 沿垂直测线方向测量获得的 $\rho_r^\perp$ 剖面异常图。该模型实验结果表明，在高阻矿体（胶木板）上可以测量获得 ρ_r 高阻异常。

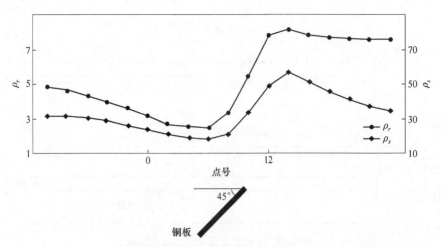

图 2-4　中间梯度装置倾斜铜板交流电法模型实验剖面异常图

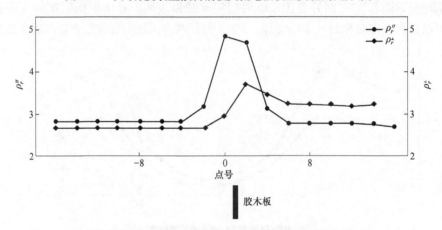

图 2-5　中间梯度装置直立胶木板交流电法模型实验剖面异常图（$h=1.8\text{cm}$）

图 2-6 为中间梯度装置直立胶木板交流电法模型实验剖面异常图。实验的胶木板（33m×26cm×0.3cm）埋深 $h=5\text{cm}$，倾角 $\alpha=90°$。测量条件为 $AB=120\text{cm}$，$I=800\text{mA}$，$MN=2\text{cm}$，点距=2cm。测量结果为 MN 沿测线方向，$f=220\text{Hz}$ 和 $f=24\text{Hz}$ 时测量获得的 ρ_r 剖面异常图。该模型实验结果表明不同频率的电磁场作用于同一地质体时，如果某些测量频率的穿透深度能够达到该地质体的埋深，则这些测量频率所反映的 ρ_r 异常形态特点可能基本相同，这也称为"同形异常"。因此，在开展天然电场选频法的剖面测量时，一方面应选择合适的测量频率，另一方面在进行异常解释分析时也要给予充分注意。

图 2-7 模型实验是在图 2-6 模型实验的基础上将胶木板的埋深增加为 $h=10\text{cm}$。模型实验反映的是分别使用两种测量频率在高阻矿体（胶木板）上测量获得的 ρ_r 剖面异常图。可以观察到 $f=24\text{Hz}$ 时，获得微弱的 ρ_r 异常反应；而 $f=$

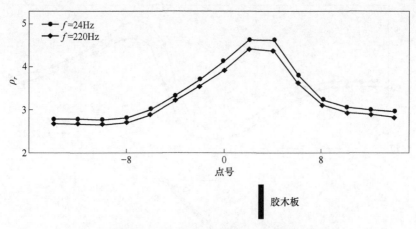

图 2-6　中间梯度装置直立胶木板交流电法模型实验剖面异常图（$h = 5$cm）

220Hz 时，没有获得 ρ_r 异常反应。该模型实验曲线表明测量频率越低则勘探深度越深，说明可以利用式（2-1）来解释测量频率与勘探深度之间的关系：

$$\delta = 503.5 \sqrt{\frac{\rho}{f}} \qquad\qquad (2-1)$$

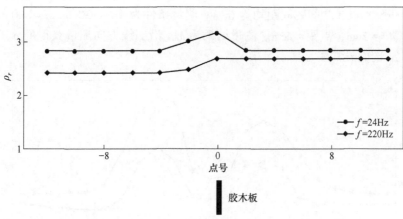

图 2-7　中间梯度装置直立胶木板交流电法模型实验剖面异常图（$h = 10$cm）

（2）长导线法倾斜铜板交流电法模型实验。

图 2-8 模型实验曲线是长导线法在倾斜铜板上测量获得的 ρ_s 剖面异常图。实验的铜板（35cm×26cm×0.3cm）埋深 $h = 3.3$cm，倾角 $\alpha = 45°$。测量条件为 $AB = 120$cm，$I = 800$mA，$MN = 2$cm，点距 = 2cm。测量结果为 MN 沿测线方向移动，$f = 24$Hz 和 $f = 220$Hz 时测量获得的 ρ_s 剖面异常图。可以看出，本实验的长导线法和图 2-4 的中间梯度装置这两种实验装置在相同的地质体（倾斜铜板）上分别测量获得的 ρ_s 剖面异常图和 ρ_r 剖面异常图的形态特点是相同的。

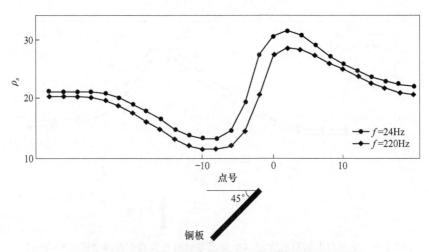

图 2-8　长导线法倾斜铜板交流电法模型实验剖面异常图

（3）中间梯度装置垂直板体组合交流电法模型实验。

图 2-9 及图 2-10 的模型实验曲线为复合矿体所反映的剖面异常图。图 2-9 实验的胶木板 1 和胶木板 3（均为 33cm×26cm×0.3cm）埋深分别为 $h_1 = 2.5$cm，$h_3 = 2$cm；铜板 2（35cm×26cm×0.3cm）埋深 $h_2 = 2.5$cm；胶木板 1 和铜板 2 以及铜板 2 和胶木板 3 之间的间距均为 6cm。测量条件为 $AB = 120$cm，$I = 800$mA，$f = 24$Hz，$MN = 2$cm，点距 = 2cm。测量结果为 MN 沿测线方向测量获得的 ρ_r 剖面异常图和 ρ_s 剖面异常图。

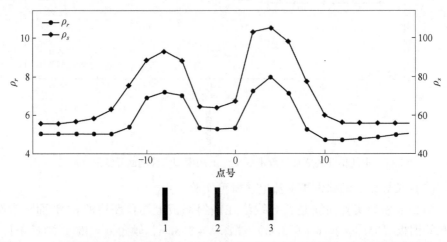

图 2-9　中间梯度装置垂直板体组合交流电法模型实验剖面异常图（板体间距均为 6cm）

图 2-10 模型实验是在图 2-9 模型实验基础上将胶木板 1 和铜板 2 以及铜板 2 和胶木板 3 之间的间距均由原来的 6cm 增加到 8cm。

从图 2-9 和图 2-10 两个模型实验结果可以看出，当两个高阻矿体相距过近

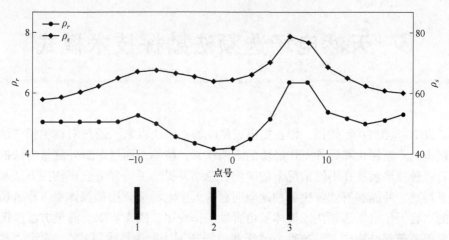

图 2-10 中间梯度装置垂直板体组合交流电法模型实验剖面异常图（板体间距均为8cm）

时，无法明显区分出中间低阻矿体所产生的异常（图2-9）；而只有当两个高阻矿体之间的距离增大后，才能够明显区分出中间低阻矿体所产生的异常（图2-10）。这两个模型实验的结果说明，在野外勘探工作中，不能简单根据 ρ_r 异常值的高或低来判断是否存在组合矿体，而必须一方面投入不同的天然电场法的野外试验工作，另一方面需要结合当地的地质和矿床等多方面资料进行综合分析，才能更好更全面地对组合矿体所产生的异常进行解释和推断。

（4）模型实验的质量检查。

图 2-11 为中间梯度装置倾斜铜板交流电法模型实验的剖面重复观测曲线。该曲线表明模型实验的观测质量是可靠的，均方相对百分误差为1.3%。

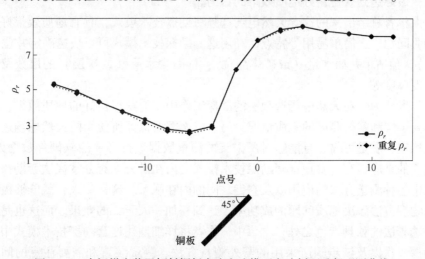

图 2-11 中间梯度装置倾斜铜板交流电法模型实验剖面重复观测曲线

3 天然电场选频法勘探技术模式

自 20 世纪 80 年代初,作者提出天然电场选频法以来,通过对该物探方法理论认识的不断深化和野外工作经验的不断积累,特别是通过对野外测量方法的研究和各种测量装置在不同情况下的应用,总结并提出了一套适合该物探方法理论体系特点,并能够有效解决各种地质问题的天然电场选频法勘探体系。作者所提出的这套天然电场选频法勘探体系由野外工作程序、勘探步骤、测量方法及测量装置等若干部分构成,又被称为"天然电场选频法勘探技术模式",简称"选频法勘探模式"或"找水找矿模式"。自 1994 年起,作者将这套勘探技术模式纳入自己所编著的资料和著作中。

天然电场选频法的这套勘探技术模式不仅包括剖面测量,还包括环形剖面测量、长线测深法(ρ_r-MN 测深法)和频率测深法(ρ_r-f 测深法)等野外测量方法。其核心思想是,根据该物探方法理论体系的特点,以测区实际情况为基础,采用"多频率、多装置、多方位"测量、剖面测量与测深法测量并重、频率测深法与非频率测深法相结合的这样一套"三多、两并重、两结合"的工作方法来开展勘探工作,以获得多种测量参数,进行相互对比印证,从而最大程度降低或消除干扰因素造成的影响,突出地质体产生的异常,确保资料解释和推断的正确性,最终达到获得良好地质效果的目的。

由作者总结出来的这套天然电场选频法勘探技术模式,具有地质效果好、解决地质问题广、简单易用等特点。利用这套勘探技术模式可以快速确定井位(或矿位),预估单井涌水量(或矿体品位),推断含水层(或矿层)的层数及每层的深度厚度等。

作者认为,在天然电场选频法的勘探工作中,为获得良好的地质效果,一方面需要了解和掌握测区的地质情况;另一方面需要保证所使用的天然电场选频仪性能稳定、质量可靠,且能够对所采集的测量数据进行必要的软硬件数据处理;更重要的是应当充分发挥这套勘探技术模式的内在潜力,充分掌握这套勘探技术模式中各种测量方法的应用以及它们之间的内在联系。这样一来,就能够极大提高该物探方法解决地质问题的成功率,达到一加一大于二的效果。而这也是天然电场选频法的独具特色之处。本章中,作者将详细阐述这套勘探技术模式中的各个勘探步骤以及该步骤所采用的野外测量方法、测量装置和需要注意的问题等内容。

3.1 天然电场选频法勘探技术模式的内容

天然电场选频法勘探技术模式的内容也是在不断发展和不断完善中的，其内容可分为狭义内容和广义内容。

天然电场选频法勘探技术模式的狭义内容包括天然电场选频法的具体工作程序、勘探步骤及勘探过程等内容。这部分内容属于天然电场选频法野外工作方法的范畴，而其中又具体包括野外工作的准备、测区的选择、测网的布置、测量装置的选择、测量数据的获得、工作质量检查及评价等内容，可以说是一套具体而有形的勘探程序、步骤和过程。

天然电场选频法勘探技术模式的广义内容的含义则更为广泛。除了上述内容外，还包括应用这套勘探技术模式解决各种地质问题所积累的工作经验，可以说是一种"无形"的内容。例如，如何结合测区的实际地质情况，对这套勘探技术模式所获得的测量结果做出合理和正确的推断；如何结合测区的现场勘探情况，排除各种干扰因素的影响，分析并区分出地质体所产生的异常。作者认为，要想深刻理解和掌握这套天然电场选频法勘探技术模式的广义内容，不仅需要了解该物探方法的理论基础和工作方法，还需要积累丰富的野外工作经验，并结合测区的具体地质情况和干扰情况，实现对这套勘探技术模式的灵活运用。

3.2 天然电场选频法野外勘探工作的基本程序

图 3-1 以寻找地下水为例，详细说明了应用天然电场选频法开展野外勘探工作的基本程序。同样，在应用天然电场选频法解决其他地质问题，如矿产勘探、工程地质勘探等问题时，也可以参考该表的工作程序。

从图 3-1 中可以看出，应用天然电场选频法勘探技术模式开展地下水勘探工作的具体测量步骤可分为四步。第一步是开展剖面测量，获得 ρ_r 剖面异常图，目的是初步确定井位；第二步是在所确定的井位处开展环形剖面测量，获得 ρ_r 环形剖面异常图，目的是估算单井涌水量；第三步是在所确定的井位处开展长线测深法（ρ_r-MN 测深法）测量工作，获得 ρ_r 长线测深异常图，目的是确定该井位处地下水的层数以及每层水的深度和厚度；第四步是在所确定的井位处开展频率测深法（ρ_r-f 测深法）测量工作，获得 ρ_r 频率测深法断面异常图，目的是研究该井位所在剖面的地下电性变化情况。然后再将上述四个步骤所获得的测量资料与其他水文地质资料相结合，进行综合分析，最终推断得出地质结论。下面，作者将详细阐述上述各个步骤的测量目的、测量装置、方法特点以及需要注意的问题等内容。

> (1) 收集勘探区域的地质、水文地质、地形地貌、岩石物性、电干扰等有关资料以及以往在该地区开展地质和物探工作所获得的各种资料；
> (2) 进行现场踏探，核实测区各方面的情况

> 根据所收集的地质和水文地质资料以及现场踏探的结果，确定在勘探区域所寻找地下水的类型以及开展测量工作的靶区范围等。如果靶区周围有已知井，可以先在已知井上进行试验性测量工作

> 在靶区内应用天然电场选频法勘探技术模式开展以下野外测量工作：
> (1) 开展剖面测量，初步确定井的位置；
> (2) 在初步确定的井位处开展环形剖面测量；
> (3) 在初步确定的井位处开展长线测深法(ρ_r-MN 测深法)和频率测深法(ρ_r-f 测深法)测量工作

> 对测量资料进行整理，再结合该地区的地质及水文地质等资料进行综合研究分析，最终推断得出地质结论

> 进行钻探验证，总结成功与失败的经验

图 3-1　天然电场选频法勘探地下水的基本工作程序

3.3　天然电场选频法的剖面测量

　　剖面测量是天然电场选频法各种野外测量方法中最常用的一种测量方法，其主要目的是确定地质体的位置，同时还可以确定地质体的走向、走向长度以及倾角等。例如，在地下水勘探过程中确定井位，在矿产勘探过程中确定矿体位置，以及在工程地质勘探过程中确定地下洞穴或埋设物的位置等。在野外勘探工作中，我们要充分利用天然电场选频仪无需供电装置、测线布置灵活、仪器装置轻便、测量速度快以及测量过程中可随时出图等特点和优势，在测区内开展快速普查工作，进而发现异常、锁定异常，这也是天然电场选频法勘探优势之一。

　　剖面测量的结果图称为 ρ_r 剖面异常图。在实际工作中，为便于相互对比分

析，我们经常将同一剖面的若干个不同测量频率的异常曲线排列在一个图表中，这种图表同样也称为 ρ_r 剖面异常图（或 ρ_r 多频剖面图）。在操作由北京杰科创业科技有限公司研发生产的"JK 系列天然电场选频仪"时，选择仪器的"三频测量"或"剖面测量"功能模块，即可开展该项测量工作。

3.3.1　剖面测量的野外测量装置

剖面测量的野外测量装置是指天然电场选频仪与 M、N 电极、电缆线之间的连接关系以及 M、N 电极的移动方式。天然电场选频法的剖面测量的工作方法和装置是多样化的，在 20 世纪 80 年代作者提出天然电场选频法的同时，也提出了该物探方法几种常用的剖面测量方法及装置。[2]

（1）M、N 电极沿测线移动测量法。这是天然电场选频法最常用的一种剖面测量方法，如图 3-2 所示。这种测量方法是以 M、N 电极的中心点 O 作为测点和作图点，测量获得 M、N 电极之间的 ρ_r 值。

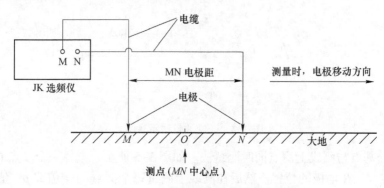

图 3-2　M、N 电极沿测线移动测量法示意图

说明：

1）M、N 电极：与天然电场选频仪相连接的两根金属棒，插入大地以接收天然电场信号。其中由仪器操作员手持的电极称为 M 电极，由跑极员手持的电极称为 N 电极。

2）电缆：天然电场选频仪与 M、N 电极之间的导线，一般总长度为 20m。

3）测点（也称为测量点或记录点）：指 M、N 电极的中心点 O。

（2）M、N 电极垂直测线移动测量法。如图 3-3 所示，这种测量方法是以 M、N 电极的中心点 O 作为测点和作图点，测量获得 M、N 电极之间的 $\rho_r^\perp$ 值。

（3）正交测量法。如图 3-4 所示，在测线上以同一个测点 O 为中心，先将 M、N 电极沿测线方向测量获得水平方向的 ρ_r'' 值；再将 M、N 电极垂直于测线方向测量获得垂直方向的 $\rho_r^\perp$ 值；最后将 ρ_r'' 值和 $\rho_r^\perp$ 值进行处理后绘制出结果图。在使用正交测量法测量时应注意，M、N 电极的方位必须尽可能平行或垂直于测

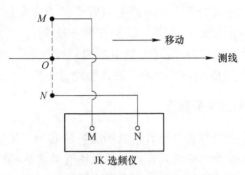

图 3-3　MN 电极垂直测线移动测量法示意图

线方向。这是因为，作者通过模型实验和野外测量发现，M、N 电极方位的偏差即使很小，也可能造成较大的测量数据误差。此外，在测量过程中还应尽可能使 $M_1O = N_1O$、$M_2O = N_2O$，这样获得的测量数据才可靠。

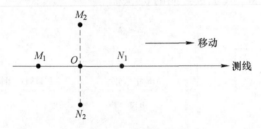

图 3-4　正交测量法示意图

（4）基点与测线上测点同时测量法。如图 3-5 所示，选择一个基点 O，在基点上固定 M、N 电极的位置。然后在测线上测量每个测点的 ρ''_r 值或 $\rho_r^\perp$ 值，同时也测量基点的 ρ''_r 值或 $\rho_r^\perp$ 值（要求 $M_1N_1 = MN$）；最后再对这两组测量数据进行处理并绘制出结果图。

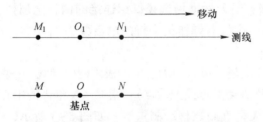

图 3-5　基点与测线上测点同时测量法示意图

天然电场选频法的场源具有多元性，这种多元性场源对地质体作用而产生的异常也具有多元性。这种多元性导致天然电场选频法与其他电法勘探方法之间存在许多不同之处，使该物探方法具有自己独有的特点。针对天然电场选频法的这一特点，我们可以在实际工作中结合工作任务、地质条件以及干扰因素等实际情况，采用多样性的测量方法，来解决不同的地质问题或某些特殊或特定的地质问题。这也是天然电场选频法的优势之一。

3.3.2 测区的选择和布置

在收集测区的有关地质资料、水文地质资料和物性资料等各种资料并进行现场调查和踏探后，就可以确定靶区的大致范围。再在靶区范围内选择一个测区（也称为测量工区或工区）布置剖面测量等工作。

（1）测区的选择应注意以下几个问题：

1）根据地质情况和靶区分布情况合理确定测区范围。

2）测区范围应包括整个被勘探地质对象可能存在的地段。

3）划分测区范围时应保证勘探结果轮廓的完整性，测区应包括一定面积的"正常场"地段。

4）保证异常在测区范围内的完整性。当在测区的边界区域发现异常时，应相应扩大测区范围，将异常追索完整。

（2）在测区内布置剖面测量工作时应注意以下几个问题：

1）测线方向应垂直于被勘探地质体的走向。如果地质体受构造控制，则测线方向应垂直于构造的走向。

2）测网密度。测网密度可以通过测线之间的距离（称为测线距或线距）、测点之间的距离（称为测点距或点距）以及测线的长度来描述。测网密度可以根据勘探工作的性质、被勘探地质体的大小及埋藏深度来确定。对此有如下几点要求：

①普查时，至少有 1~2 条测线穿过异常体，每条测线至少要有 3~5 个测点落在异常区。

②详查时，至少有 3~5 条测线穿过异常体，每条测线至少要有 5~10 个测点落在异常区。

③精测时，测网密度可以根据实际情况，在详查的基础上再对测点和测线进行适当加密。

图 3-6 是在一个矿区开展剖面测量时，测区测线的布置示意图。如图所示，由南到北布置了①~⑤五条测线。采用测线距为 50m、测点距为 10m、测线长度为 350m 的测网进行工区布置。

如图 3-6 所示，我们可以将同一个测量频率（例如 $f=25\mathrm{Hz}$）的一组剖面测量曲线排列在一起，这种图称为 ρ_s 剖面平面异常图。通过对该 ρ_s 剖面平面图的观察，可以推断出以下地质结论：在②、③、④号测线的 15~25 号测点处出现 ρ_s 低阻异常，而①、⑤号测线均没有出现 ρ_s 低阻异常，因此可以推断这个低阻矿体分布在②到④号测线的 15~25 号测点之间。而根据测线之间的

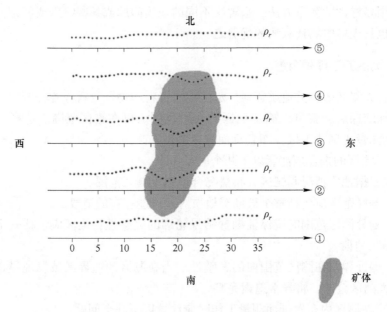

图3-6　测区测线布置和 ρ_r 剖面平面异常图

(f=25Hz；测线距=50m；MN=20m；点距=10m；测线方向：西→东)

距离和测点之间的距离，就可以进一步推断出该矿体的分布范围及走向长度等地质信息。

为了更准确地推断出矿体的走向长度，我们还可以在①和②号测线、④和⑤号测线之间布置新的测线开展剖面测量工作，再根据新增加测线的 ρ_r 异常情况对矿体南北延伸情况进行详细分析。所以说，通过分析这幅 ρ_r 剖面平面异常图，我们可以推断出很多和地质体有关的有价值的地质信息。

为了突出地质体异常，我们也可以把图3-6中这一组相同测量频率的剖面测量数据绘制成一幅等值线图。这种图也称为 ρ_r 剖面平面等值线异常图，如图3-7所示。

3.3.3　剖面测量的 M、N 电极距、点距及测量频率的选择

在某个测区开展天然电场选频法的剖面测量工作时，如何正确选择 M、N 电极距、点距及测量频率是一个非常重要的问题。如果选择不当，可能无法较好地获得地质体所产生的异常，甚至有可能无法获得地质体所产生的异常。

（1）M、N 电极距的选择。

M、N 电极之间的距离称为 M、N 电极距（也称 M、N 距）。M、N 电极距如果选择不当，可能会影响地质效果。在选择 M、N 电极距时，应注意以下几个因素：

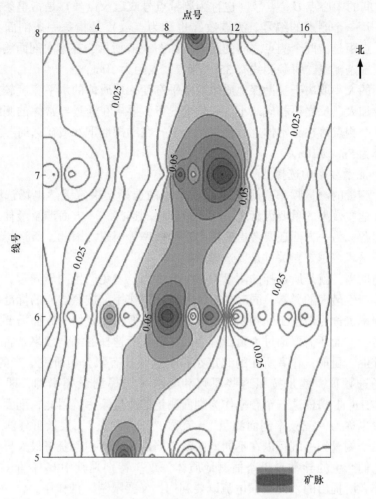

图 3-7 ρ_s 剖面平面等值线异常图

($f=25\text{Hz}$；测线距＝50m；$MN=20$m；点距＝5m；测线方向：西→东)

1）M、N电极距的大小与勘探深度有关。M、N电极距越大，勘探深度越深，反之则越浅，且容易受到地表层不均匀地质体的影响。常规情况下，在勘探地下水或矿床时，M、N电极距一般要求采用10~20m，最短不能小于10m。

2）M、N电极距的大小与测区内测量信号的大小有关。M、N电极距越大，获得的天然电场测量信号越大，反之则越小。在天然场信号较弱的地区如偏远山区或沙漠戈壁等地区开展勘探测量工作时，为了能够获得足够大且稳定的测量信号，可以适当增加M、N电极距。

（2）点距的选择。

在进行剖面测量的过程中，测点（也称为测量点或记录点）是指M电极与

N 电极之间的中心点 O。点号（也称为测量点号或记录点号）是指整条剖面测量过程中，每一个测点的编号。测点数（也称为点数）是指每一条剖面上测点的总数量。点距是指两个测点之间的距离。如图 3-6 所示，在本次剖面测量中，一共布置了 5 条测线，每条测线有 35 个测点，点距为 10m。

点距的大小取决于被勘探地质体的水平宽度。地质体的水平宽度较宽时，点距可相应加大，反之可相应减小。一般情况下，要求在通过异常体的测线上至少有 3 至 5 个测点落在异常体上。常规情况下，在勘探地下水或矿床时，点距一般可以选择为 5m 或 10m。

（3）测量频率的选择。

剖面测量的测量频率（也称工作频率）的选择是决定天然电场选频法能否取得良好地质效果的重要因素之一。测量频率的选择，一方面涉及最佳工作频率选择的问题，另一方面还要考虑到提高工作效率等因素。因此，所选择的测量频率，并不是越多越好，关键是要选择适当。

所谓适当，就是所选择的测量频率个数适当，避免产生同形异常，且能够激发地质体产生最大的异常，同时具有抑制干扰的作用。按照这样的标准所选择出的测量频率也称为最佳工作频率。为了满足这一要求，我们一方面需要进行理论计算，另一方面还需要通过大量野外实践去验证所选择的测量频率是否具有有效性和最佳性。目前，作者所在的北京杰科创业科技有限公司研发生产的 JK 系列天然电场选频仪，就是按照这些原则和要求去选择测量频率的，即一般选择 25Hz、67Hz、170Hz 这三个频率作为剖面测量的测量频率。因此，剖面测量在野外工作中也称为"三频率剖面测量"，简称"三频测量"。大量野外测量工作证明，这三个测量频率既可以在不同地区及不同勘探目的物上获得最大异常，又可以利用它们产生的异常来粗略估测地质体深度。特别是其中 67Hz 的测量频率，起到了作者所提出的"对工频电流既要利用，又要限制"的作用。

3.3.4　不同类型地下水（矿）剖面测量产生的 ρ_r 异常特点

根据天然电场选频法的方法理论和大量野外观测实例可知，当应用天然电场选频法开展地下水（或矿）的勘探工作时，地质体在大地电磁场的作用下可以产生 ρ_r 异常。在其所构成的 ρ_r 剖面异常图上，出现的高值称为 ρ_r 高阻异常（或 ρ_r 高值异常），出现的低值称为 ρ_r 低阻异常（或 ρ_r 低值异常）。通过研究 ρ_r 异常的变化特点和规律并结合当地地质情况进行综合分析，我们就可以推断出地下含水层（或矿层）的存在、性质及空间分布等地质情况。

根据天然电场选频法的方法原理、模型实验以及大量的野外工作实践，作者将不同类型地下水体（或矿体）在大地电磁场作用下所产生的三频率剖面测量 ρ_r 异常的特点进行了总结和归纳，如图 3-8 所示，可供读者在实际工作中参考和应用。

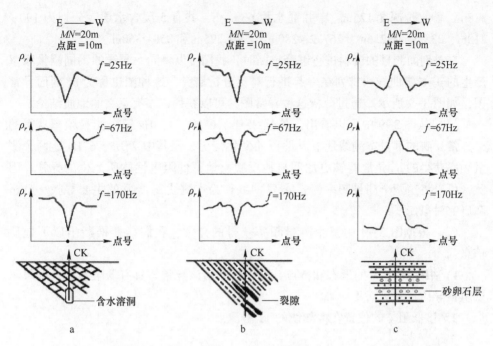

图 3-8 不同类型地下水体（或矿体）在大地电磁场作用下 ρ_r 剖面异常曲线图

a—典型的"ρ_r 低阻异常"，灰岩岩溶水的典型剖面异常曲线图；b—典型的"ρ_r 低阻异常"，基岩裂隙水
（火成岩、变质岩、砂页岩裂隙水）、良导矿体（蚀变破碎带型金矿、黄铜矿、黄铁矿）等的
典型剖面异常曲线图；c—典型的"ρ_r 高阻异常"，第四系、第三系砂卵石层水、高阻矿体
（石英脉型金矿、石英脉型钨矿）等的典型剖面异常曲线图

从图 3-8 可以看出，在应用天然电场选频法开展地下水（或矿）的勘探工作中，由于不同类型的地下水（或矿）会产生不同形态的 ρ_r 剖面异常曲线，因此需要首先通过收集这个测区的地质资料、水文资料并进行现场踏探，确定该测区中被勘探地下水（或矿）的类型。而确定了被勘探的地下水（或矿）的类型，就可以确定我们在该测区中所要寻找的 ρ_r 异常类型，即所要寻找的是 ρ_r 低阻异常，还是 ρ_r 高阻异常。例如，在寻找岩溶型地下水或基岩裂隙型地下水时，我们通常选择"V"字形的 ρ_r 低阻异常点作为井位置点；而在寻找第四系、第三系砂卵石层型地下水时，我们通常选择"A"字形的 ρ_r 高阻异常点作为井位置点。

3.3.5 剖面测量的野外工作实例

图 3-9 是作者 1987 年 8 月 10 日在河南省荥阳市崔庙乡郑庄古城村定井时获得的 10 号测线的 ρ_r 剖面异常图。在该地区所寻找的地下水类型为岩溶型地下水，井位最终定在 11 号测点的"V"字形 ρ_r 低阻异常处。机井钻探结果为井深

378m，静水位深度 125m，单井涌水量 63m³/h，共有 5 层含水层，分别为 190～210m、238.8～252.6m、267.2～280m、290～295m 和 350～360m。

在对剖面测量的资料进行解释推断时，我们可以将同一测线的不同测量频率产生的 ρ_r 异常曲线图排列在一起进行对比分析研究，这种图也称为 ρ_r 剖面异常图，如图 3-9 所示。通过分析这种异常图，可以获得许多有意义的地质结论。

（1）从图 3-9 中可以看出，虽然 25Hz、67Hz、170Hz 三个测量频率获得的 ρ_r 异常反映的都是本测线地下电性层的变化情况，但其中 25Hz、67Hz 这两个测量频率获得的 ρ_r 异常能够更加明显地反映出地下低阻电性体所产生的异常。因此，可以将这两个测量频率的 ρ_r 异常曲线作为本测线 ρ_r 异常的主要寻找、分析和研究对象。

（2）根据图 3-9 中三个测量频率获得的异常，我们能够推断出以下地质信息：

1）根据 ρ_r 异常的形态和特点，可以推断出该异常体具有低阻性质，即属于低阻良导体。

2）该低阻体的位置在本测线的 11 号测点。

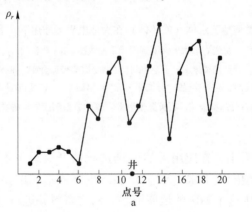

a

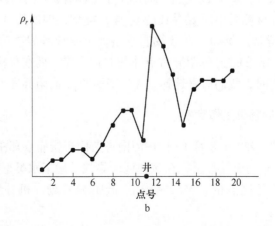

b

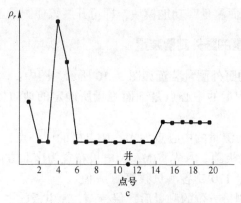

图 3-9 ρ_r 剖面异常图实例

($MN=20$m，总距$=10$m，测线方向：南→北)

a—$f=25$Hz；b—$f=67$Hz；c—$f=170$Hz

3) 根据该异常体对 25Hz、67Hz、170Hz 三个测量频率响应度的不同，可以粗略估算出该异常体的埋藏深度。一般来说，25Hz、67Hz、170Hz 三个测量频率分别反映的是异常体在深部、中部和浅部三个区域的存在情况。从图 3-9 中可以看出，该异常体对 170Hz 这个测量频率的响应度最差，而对 25Hz 和 67Hz 这两个测量频率的响应度较好。因此可以推断出该异常体存在于浅部区域的可能性较小，而存在于中部和深部区域的可能性较大。

需要指出的是，ρ_r 剖面异常图虽然可以粗略地反映出异常体在深部、中部或浅部区域的存在情况，但由于影响勘探深度的因素较多，仅凭异常体对 ρ_r 剖面异常图中某个测量频率的响应度来判断该异常体（地质体）的具体深度，依然具有片面性和不确定性。因此，要推断异常体的具体深度以及判断该异常体是单一个体还是多个（多层）组合体，还需要在获得剖面测量 ρ_r 异常的基础上再投入后文所述的"长线测深法（ρ_r-MN 测深法）"和"频率测深法（ρ_r-f 测深法）"等测量工作，同时结合该地区的地质、水文地质、地形地貌和干扰因素等各种具体情况进行综合分析，这样才能更准确地推断出异常体的层数以及每层的埋深等地质信息。

3.4 天然电场选频法的环形剖面测量

环形剖面测量（简称环形测量）是作者通过长期野外测量工作实践而总结出来的一种测量方法。该方法获得的测量数据可以反映出地质体的某些特性。例如，在地下水勘探工作中，可以用来估算单井涌水量等；在矿产勘探工作中，可以用来估算矿体品位等。

环形剖面测量的结果图称为 ρ_r 环形剖面异常图（或极形图）。在操作由北京杰科创业科技有限公司研发生产的"JK 系列天然电场选频仪"时，选择仪器的

"三频测量"或"剖面测量"功能模块，即可开展该项测量工作。

3.4.1　环形剖面测量的野外测量装置

环形剖面测量的野外测量装置如图 3-10 所示。图中：

（1）环形剖面测量的中心点是剖面测量所确定的地质体位置（如井位或矿体的位置）。

（2）以环形剖面测量的中心点为 M、N 电极的中心点，M、N 电极距可采用剖面测量的 M、N 电极距。首先将 M、N 电极布置为南北方向，开始测量第①测量方位 25Hz、67Hz、170Hz 各测量频率的 ρ_r 值。

（3）完成第①测量方位的测量后，保持 M、N 电极的中心点不变，将电极按顺时针方向转动 45° 到第②测量方位，也即 M、N 电极从南北方向转动到东北—西南方向。然后开始测量第②测量方位各测量频率的 ρ_r 值。

（4）完成第②测量方位的测量后，按照同样方法将电极按顺时针方向转动 45° 到第③测量方位，测量第③测量方位各测量频率的 ρ_r 值。完成第③测量方位的测量后，再将电极按顺时针方向转动 45° 到第④测量方位，继续完成第④测量方位的测量。

（5）完成上述四个测量方位的测量后，可以获得每个测量频率的四个测量方位的 ρ_r 值。同一个测量频率中，最大的 ρ_r 值（图中的长轴 a）与最小的 ρ_r 值（图中的短轴 b）的比称为 α 值，该 α 值和单井涌水量（或矿体品位）有关。JK系列天然电场选频仪能够根据这些测量数据自动绘制出每个测量频率的 ρ_r 环形剖面异常图，并计算出相应的 α 值。图 3-11 为仪器完成测量后自动绘制出的测量频率 f=25Hz 的 ρ_r 环形剖面异常图。

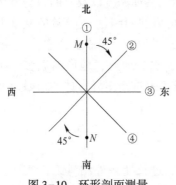

图 3-10　环形剖面测量
装置示意图

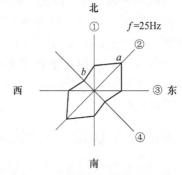

图 3-11　环形剖面测量结果图：
ρ_r 环形剖面异常图

3.4.2　环形剖面测量的基本原理

由交变电磁场理论可知，当地下存在交流电场时，在地面某一个测点处，由于一次场和二次场的方向不同，相位不同，会产生电场椭圆极化，即总电场的矢量端点随时间变化构成一个椭圆。MN 电极在不同方位布极测量时，能够测量获得不同的电位差数值。当 MN 电极测量方位与椭圆长轴重合时，测量所获得的电位差数值最大；当 MN 电极测量方位与椭圆短轴一致时，测量所获得的电位差数值最小；当 MN 电极测量方位为其他方位时，测量所获得的电位差数值介于以上二者之间。长轴与短轴所反映出的交流电场的幅值，仍为椭圆在该方向上的投影或分量。

交流电场的椭圆极化，反映出地下二次场的存在，而二次场中有被寻找地质体（水或矿）产生的信息。因此，可以利用椭圆极化这种场的特征去研究地下的地质情况，以达到解决地质问题的目的。

3.4.3 环形剖面测量在实际工作中的应用

作者经过长期野外实践发现，天然电场选频法环形剖面测量的长轴与短轴之比（即 α 值）和单井涌水量（或矿体品位）存在着一定关系。我们可以利用这种关系，采用"从已知推未知"的方法，来估算勘探井位（或矿位）的单井涌水量（或矿体品位）。因此，环形剖面测量在整个天然电场选频法勘探技术模式和资料解释中起着十分重要的作用。

例如，在应用天然电场选频法寻找地下水时，可以先收集一个地区相同岩层的若干个已知井的 α 值和单井涌水量 Q 值，并统计绘制成"α-Q 单井涌水量相关曲线"图，如 3.4.4 节所示。当我们再在相同的岩层寻找地下水时，就可以根据这个相关曲线和 α 值来预估勘探井的单井涌水量 Q 值。这就是根据环形剖面测量结果来估算单井涌水量的方法。同样，在找矿过程中，也可以采用这样的方法来估算矿体的品位。

3.4.4 估算单井涌水量大小的实例

图 3-12 是几种岩层的"α-Q 单井涌水量相关曲线"图。我们可以根据被寻找地下水的类型和 α 值，在下图的"α-Q 单井涌水量相关曲线"中查出相对应的单井涌水量。需要说明的是，这些"α-Q 单井涌水量相关曲线"是作者根据自己在河南省西部地区的工作实例统计绘制而成的。而当读者在应用本书的相关曲线来估算单井涌水量时，可能会由于各地区地质情况和干扰因素的不同而出现较大误差。因此，读者需要结合自己工作区域的地质情况，对单井涌水量 Q 值做出适当修正。最好是根据自己所在工作区域的具体地质情况和勘探实例，绘制出自己所在工作区的"α-Q 单井涌水量相关曲线"。这样，所估算出的单井涌水量才能更加准确。

图 3-12a 为测量频率 $f=25$Hz，灰岩岩溶水的"α-Q 单井涌水量相关曲线"。图 3-12b 为测量频率 $f=25$Hz，砂页岩、变质岩、火成岩（花岗岩、玄武岩等）

裂隙水的"α-Q 单井涌水量相关曲线"。图 3-12c 为测量频率 $f = 170\mathrm{Hz}$, 第四系、第三系地层孔隙水的"α-Q 单井涌水量相关曲线"。

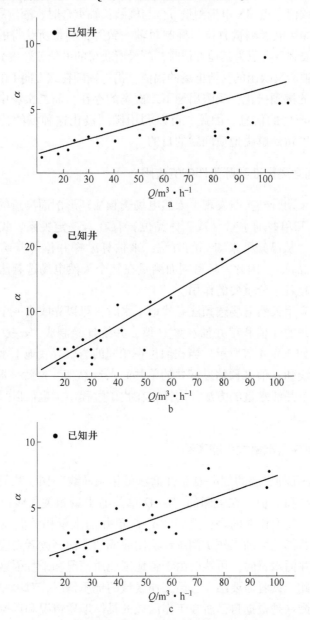

图 3-12　几种岩层的 α-Q 单井涌水量相关曲线图

a—灰岩岩溶水 α-Q 单井涌水量相关曲线（$f = 25\mathrm{Hz}$）；

b—砂页岩、变质岩、火成岩（花岗岩、玄武岩等）裂隙水 α-Q 单井涌水量相关曲线（$f = 25\mathrm{Hz}$）；

c—第四系、第三系地层孔隙水 α-Q 单井涌水量相关曲线（$f = 170\mathrm{Hz}$）

3.5 天然电场选频法的长线测深法（ρ_r-MN 测深法）

测深法是解决深部地质问题及确定地质体深度的方法。无论是对于直流电法还是交流电法，测深法既是理论研究的重要课题，也是解决实际地质问题的重要方法。可以说，测深问题是电法勘探方法所需要解决的一个关键问题。从本节开始，作者将详细阐述天然电场选频法的两种测深方法，其一是长线测深法（ρ_r-MN 测深法），其二是频率测深法（ρ_r-f 测深法）。

天然电场选频法的长线测深法（也称 MN 长线测深法、ρ_r-MN 测深法或二极测深法）是通过改变 MN 之间的电极距来达到测深的目的。长线测深法的结果图称为 ρ_r 长线测深法异常图（简称长线测深图，或 ρ_r-MN 测深图）。与其他电法勘探方法不同，天然电场选频法的长线测深法所勘探的深度约等于 MN 电极之间的距离，同时该测深法还具有区分异常等独具特色的功能。

作者所提出的这个测深方法，是属于非频率测深的一种测深方法，也是对天然电场选频法的一个重要贡献。大量野外实践证明，该测深方法能够比较准确地反映出地下地质体的深部特征。例如，在地下水勘探工作中，确定含水层的层数以及每层的深度和厚度；在矿产勘探工作中，确定矿体的深度；在工程地质勘探工作中，确定地下洞穴、埋设物的深度，以及覆盖层的厚度等。长线测深法是天然电场选频法勘探技术模式中一个重要的测量方法，是天然电场选频法在野外测量工作中必不可少的一个野外测量工作环节。

在操作由北京杰科创业科技有限公司研发生产的"JK 系列天然电场选频仪"时，选择仪器的"三频测量"或"剖面测量"功能模块，即可开展该项测量工作。需要注意的是，尽管"剖面测量"和"长线测深法"在仪器操作过程中使用的是同一个功能模块，但二者的异常曲线所反映出的地质体的空间分布和性质是截然不同的。前者反映的是地下沿水平方向的地质变化情况，后者反映的是地下沿垂直方向的地质变化情况。因此，在野外工作中，必须做好相应的工作记录，不可将两者相混淆。

需要说明的是，由于天然电场选频法场源的成因和性质是多元的，同时干扰因素也是多元的，特别是随着 MN 电极距的增加，场源信号的变化也会愈加复杂。因此，长线测深法对于仪器的稳定性有着很高的要求。从客户长期使用所反馈的情况来看，作者所在的北京杰科创业科技有限公司研发生产的 JK 系列天然选频仪，能够完全满足长线测深法测量工作对仪器稳定性的要求，且能够获得良好的地质效果。例如广西贵港工程地质勘查院、广西二七三地质队的梁竞高级工程师，使用 2013 年 5 月选购的 JK-E 型天然电场选频仪，采用了剖面测量和长线测深法寻找地下水，获得了较满意的地质效果。[9]

3.5.1　长线测深法的基本原理

　　天然电场选频法的长线测深法是确定地质体（异常体）深度的一种非频率测深法，其基本原理是通过改变 MN 之间的电极距而达到测量不同深度地质体所产生的异常信号的目的。在测量过程中，通过逐渐增大 MN 电极距，可以获得一条 ρ_r 与 MN 电极距的相关测量曲线。在均匀介质中进行测量时，随着 MN 电极距逐渐增大，测量获得的 ρ_r 也会逐渐增大，相关测量曲线会呈现为一条数值不断增大的斜线（在高阻介质中测量）；而在非均匀介质中进行测量时，随着 MN 电极距逐渐增大，当 MN 电极距与不均匀地质体的埋深大致相等时，ρ_r 与 MN 电极距的相关测量曲线（这时称为测深异常曲线或者 ρ_r 长线测深异常图）就会出现畸变现象。根据 ρ_r 异常曲线的形态变化特点以及测量数据的幅值变化特点，就可以推断出地质体相应的埋深和垂直分布厚度等信息。

3.5.2　长线测深法的野外测量装置

　　天然电场选频法长线测深法的野外测量装置如图 3-13 所示。图中：

　　（1）MN 电极：金属铜棒或铁棒，直径约 1.5cm，长度约 30cm。

　　（2）O 点：测深点，MN 电极之间的中心点。

　　（3）线架：必须是木质或塑料线架，每个线架上所缠绕的导线一般不超过200m。在野外测量工作中，当勘探深度较深时，可以采用将多个线架以串联的方式来使用。

　　（4）导线：由双股芯线为纯铜的胶质线组成，每股芯线的铜芯截面积小于或等于 0.5mm^2。

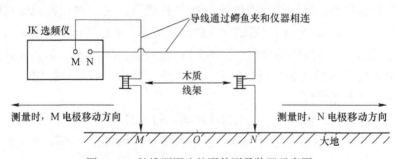

图 3-13　长线测深法的野外测量装置示意图

3.5.3　长线测深法的野外操作说明

　　长线测深法的野外操作示意图如图 3-13 所示。总体来说，其操作方法是以测深点 O 点为中心点，M、N 电极分别往相反方向移动并进行测量，勘探深度约等于 M、N 电极之间的电极距。

（1）测深点 O 点位置是第一步剖面测量时所确定的地质体位置（如井位或矿体的位置）。

（2）M 或 N 电极每次往相反方向移动的距离称为 $\frac{1}{2}MN$ 距。$\frac{1}{2}MN$ 距的选择应根据被寻找地质体（即含水层或矿层）的垂直厚度而确定，一般可以选择在 2.5~5m 之间。在同一个测区内，$\frac{1}{2}MN$ 距一旦选定后就不能再改变。测量时，M、N 电极每移动一次，仪器测量一次，测量序号加 1，同时获得 25Hz、67Hz、170Hz 三个测量频率的 ρ_r 值。

（3）M、N 电极可以沿剖面测线方向移动，也可以沿其他方向移动。

（4）勘探深度约等于 M、N 电极之间的总距离。实际工作中可以根据被寻找地质体埋深的实测需要来确定 M、N 电极之间的总距离。例如在测区中需要勘探深度为 200m 以内的含水层，则 M、N 电极之间的总距离至少为 200m。

表 3-1 以 $\frac{1}{2}MN = 5m$ 为例，详细说明了测量序号和勘探深度之间的对应关系。在对测深曲线进行异常分析时，如果发现在某些测量序号之间出现了异常段，那么就可以根据测量序号和 $\frac{1}{2}MN$ 之间的关系，推断出地质体产生的异常所对应的深度。

表 3-1   长线测深法的测量序号和勘探深度之间的对应关系 $\left(\frac{1}{2}MN = 5m\right)$

测量序号	1	2	3	4	5	6	7	8	9	10	...
勘探深度/m	10	20	30	40	50	60	70	80	90	100	...

3.5.4 长线测深法的特点

（1）测量结果较为准确。使用该测深方法推断出的井位处（或矿位处）含水层（或矿层）的层数、各层分布的深度以及各层的厚度等地质信息，一般与实际情况的误差较小。

（2）异常解释较为直观，应用范围广。

3.5.5 长线法测深法的野外工作实例

图 3-14 是河南省密县园林乡园林村机井的 ρ_r 长线测深法异常图。本实例中，$\frac{1}{2}MN = 5m$，即 M、N 电极以井位为中心，每次测量时向相反方向各移动

5m，也即每次测量时勘探深度增加 10m。为了说明测量序号和勘探深度之间的关系，作者在此特别绘制了两个横坐标。上面的横坐标表示测量序号，下面的横坐标表示根据测量序号和 $\frac{1}{2}MN$ 之间的关系而换算得出的勘探深度。

通过对图 3-14 的观察，可以推断出含水层有两层，深度分别为 110m 和 145~155m。实际钻探结果为含水层有两层，深度分别为 112.8m 和 150~160m，与理论推断基本相符。

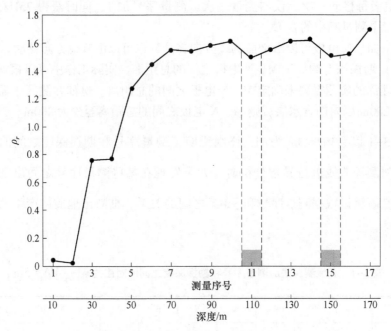

图 3-14　河南省密县园林乡园林村机井 ρ_r 长线测深法异常图

$(\frac{1}{2}MN=5\mathrm{m}$，$f=25\mathrm{Hz})$

图 3-15 是某矽卡岩铜矿的 ρ_r 长线测深法异常图。本实例中，$\frac{1}{2}MN=2\mathrm{m}$，即 M、N 电极以矿位为中心，每次测量时向相反方向各移动 2m，也即每次测量时勘探深度增加 4m。通过对图 3-15 的观察，可以推断出矿体埋深约 64m，矿体厚度约 12m。

从上述实例可以看出，天然电场选频法的长线测深法的异常解释比较直观和准确。但仍需注意，在进行异常解释推断时，一定要结合当地的地质、水文地质、地层电性、干扰等情况和 ρ_r 异常形态特点来进行综合分析。这样才能确定 ρ_r 低值异常带或 ρ_r 高值异常带是由地质体所引起的，而不是由干扰因素所引起的。

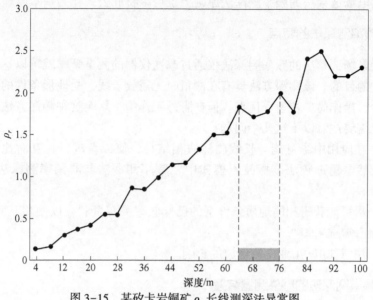

图 3-15 某矽卡岩铜矿 ρ_r 长线测深法异常图

$(\frac{1}{2}MN = 2\text{m},\ f = 25\text{Hz})$

3.6 天然电场选频法的频率测深法（$\rho_r\text{-}f$测深法）

根据前文所述的天然电场选频法方法原理可知，勘探深度与测量频率有关。因此，在勘探工作中，我们可以通过改变天然电场选频仪的测量频率以达到勘探不同深度的目的。这就是天然电场选频法的频率测深法（也称多频测量或 $\rho_r\text{-}f$ 测深法）。频率测深法的结果图称为 ρ_r 频率测深法异常图。

频率测深法是天然电场选频法在野外工作中常用的一种测深方法。这种测深方法操作简单，快速，无需放长线，且受地形条件的影响和限制都比较小。在操作由北京杰科创业科技有限公司研发生产的"JK 系列天然电场选频仪"时，选择仪器的"频率测深"或"多频测量"功能模块，即可开展该项测量工作。

3.6.1 频率测深法的基本原理

在前文"天然电场选频法的方法原理"一章中，我们曾讨论过电磁波穿透深度的公式为：

$$\delta = 503.5\sqrt{\frac{\rho}{f}} \tag{3-1}$$

由式（3-1）可知：当地下介质电阻率 ρ 一定时，电磁波的频率 f 越低，穿透深度 δ 越深，反之则越浅。因此，我们可以通过改变仪器的测量频率以达到勘探不同深度的目的。这也是大地电磁测深法（MT 法）进行测深测量的基本原理。天然电场选频法的频率测深法原则上也可以将此公式作为基本原理。

3.6.2　频率测深法的特点

天然电场选频法的频率测深法仅通过改变仪器的测量频率就可以达到勘探地质体深度的目的。该测深方法具有在测量时无需放长线，受地形条件的影响和限制比较少，操作简单快速等优点。但在野外工作中，影响这种测深方法的因素较多，因此需要注意以下这几个问题：

（1）在应用中尽可能与长线测深法相结合，使二者进行相互对比印证。这也正是天然电场选频法勘探技术模式中"频率测深法与非频率测深法相结合"的含义。

（2）尽可能获得相同地质条件下的已知频率测深资料，以便相互对比参照，实现"从已知推未知"。

（3）注意50Hz工业电流谐波的影响。

3.6.3　频率测深法的野外测量装置

天然电场选频法的频率测深法的野外测量装置如图3-16所示。

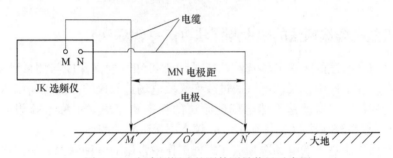

图3-16　频率测深法的野外测量装置示意图

说明：

（1）将连接仪器的M、N电极插入大地，M、N电极之间的中心点O点为测深点，然后开始测量。仪器在测量过程中，会自动改变测量频率，并记录相应的测量数据。

（2）当仪器完成一个测深点的测量工作后，将M、N电极移动到下一个测深点进行测量。按照此方法依次完成所有测深点的测量工作。

3.6.4　ρ_r 频率测深法断面异常图的制作

天然电场选频法仅测量大地电磁场的电场水平分量，而某些工业电器设备在运行过程中可能会产生50Hz工业电力谐波，特别是奇次谐波。因此，在这种区域附近开展天然电场选频法的频率测深工作时，在频率测深曲线的50Hz谐波处可能会出现某些干扰现象。就单个测深点的频率测深曲线而言，异常曲线容易受到这类干扰因素的影响。情况严重时，50Hz工业电力谐波甚至可能干扰或掩盖地质体所产生的异常。为了解决这个问题，我们一方面要注意在测量过程中尽量避免各种干扰因素的影响，另一方面还可以采用对测量数据进行数据处理并绘制出"ρ_r频率测深法断面异常图"的方法，从而最大程度降低50Hz工业电力谐波等各种干扰因素造成的影响，突出地质体产生的异常。具体操作方法如下：

（1）野外工作布置。如图3-17所示，在通过井位（或矿位）的剖面上，以井位（或矿位）为中心布置一组频率测深点，测深点的数量一般为6~10个。M、N电极距一般采用与剖面测量相同的电极距，各测深点之间的距离一般采用5m。

图3-17 ρ_r频率测深法断面异常图的野外工作布置示意图

（2）采集一组频率测深点数据。按图3-16所示布置测量装置。从图3-17的第1个测深点开始，依次对每一个测深点进行测量，直至完成所有测深点的测量工作。

（3）制图。利用北京杰科创业科技有限公司的"JK选频仪测量数据管理软件"或"JK天然电场选频仪"中独有的数据处理方法——"频率测深数据多重滤波"功能，对这一组频率测深点的测量数据进行数据处理，并绘制出ρ_r异常等值线图或二维图，这类图件也称为天然电场选频法的ρ_r频率测深法断面异常图（简称频率测深断面图，或ρ_r-f测深断面图），如图3-18~图3-20和附录5所示。

3.6.5　ρ_r频率测深法断面异常图的作用

（1）可以最大程度降低50Hz工业电力谐波等各种干扰因素造成的影响，直观反映出地质体产生的异常。

（2）可以全面反映该井位（或矿位）所在剖面的地下电性变化情况。而剖面上某一个测深点的频率测深只能反映出这一测深点及其附近的电性变化情况，具有局限性。

（3）与井位（或矿位）处的长线测深法互相配合，可以全面了解井位（或矿位）处的地质体（水层或矿层）的深度、厚度以及电性情况。

（4）可以根据异常图判断该剖面的地质构造情况，例如有无断层、破碎带、隆起及凹陷等。

3.6.6　ρ_r频率测深法断面异常图的野外工作实例

图3-18是河北省涿鹿县栾庄乡机井的ρ_r频率测深法断面异常图。该实例采

用的是北京杰科创业科技有限公司研发生产的 JK-E600 型天然电场选频仪，频率测深的勘探步长为 10m，勘探深度为 600m。井位位于 6~7 号测点之间，单井涌水量为 100m³/h。其中，275~278m、330~335m 为含水层，420~500m 为主要含水层。

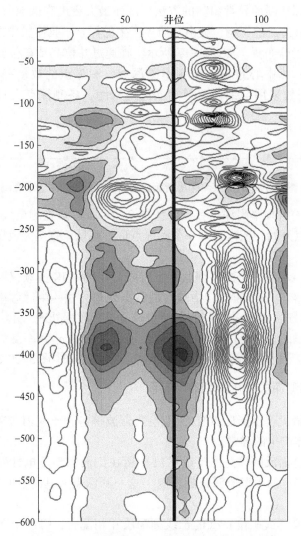

图 3-18　寻找地下水的 ρ_r 频率测深法断面异常图

图 3-19 和图 3-20 分别是河北省承德市某煤矿采空区（深度约 120m）和充水区（深度约 110m）的 ρ_r 频率测深法断面异常图。可以观察到，测量数据经数据处理后，在图 3-19 中，采空区呈现出明显的 ρ_r 高阻异常；在图 3-20 中，充水区呈现出明显的 ρ_r 低阻异常。

从上述实例可以看出，天然电场选频法的 ρ_r 频率测深法断面异常图可以较

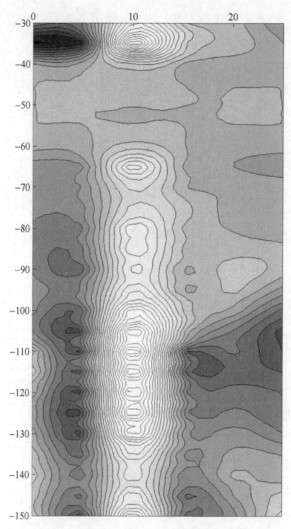

图 3-19 煤矿采空区的 ρ_r 频率测深法断面异常图

为直观地反映出一条剖面测线的地下电性变化情况。但由于受到干扰因素及地质条件等各种情况的影响，异常的解释和推断仍然存在不确定性。因此，在实际工作中，一方面需要结合天然电场选频法勘探技术模式中其他测量方法的测量结果进行相互参考印证，另一方面需要结合当地的地质和水文地质情况以及已知钻井资料进行综合分析，这样才能获得正确的地质结论。

天然电场选频法是单分量测量方法，又是无量纲电阻率测量方法，无法采用 Cagniard 模型去解决频率测深问题，而只能根据天然电场选频法的频率测深法的具体特点，选择合适的仪器测量参数和数据采集方式，以及采用相应的软硬件数据处理方法，才能更好地解决勘探地质体深度的问题。为此，作者认为在实际工

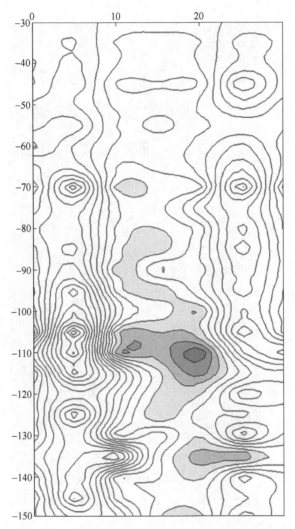

图 3-20　煤矿充水区的 ρ_r 频率测深法断面异常图

作中，一方面需要考虑各种干扰因素的影响，另一方面需要根据交变电磁场在近区与远区传播的不同特点，进而采取不同的方法进行测量数据的采集和处理。例如本书所提出的"频率测深数据经多重滤波后绘制 ρ_r 频率测深法断面异常图"就是一种对测量数据的采集处理方法。

3.7　天然电场选频法野外工作的质量检查和质量评价

天然电场选频法具有场源信号弱、场源成因性质多元、工作频率跨度大、仅测量大地电磁场的电场水平分量、野外测量装置多样化以及干扰因素多等特点。因而这就要求我们必须判断野外测量的原始数据是否真实和正确，这也是我们正确解释异常和取得良好地质效果的重要前提。原始测量数据不准确将导致我们无法对异常资料做出正确的分析和解释，甚至可能做出错误的结论。因此，我们需要对野外工作的测量结果进行一定的质量检查与质量评价，从而衡量测量工作质量的可靠性。

对天然电场选频法野外工作的测量结果进行质量检查和质量评价，是该物探方法所研究的重要课题之一，同时也是我们在实际工作中所要面对和解决的重要问题之一。本节中，作者将根据长期以来使用天然电场选频法的野外工作经验，提出一些解决该问题的方法、措施及要求。可以说，这些野外工作的质量检查和质量评价的方法、措施及要求，是作者根据长期实际工作经验总结而成的，在今后的野外工作中，还可进行适当的补充和完善。

3.7.1 测量仪器设备的质量要求

为保证天然电场选频法野外测量结果的质量，首先需要保证测量设备的质量，主要体现在天然电场选频仪和与其配套的测量电极这两个方面：

（1）由于天然电场场源的信号弱、场源成因性质多元，因此在测量工作中对天然电场选频仪测量信号的放大、滤波及数据处理等各方面的要求都比较高，仪器的任何不稳定因素或内部噪音都有可能影响测量结果。特别是在开展天然电场选频法长线测深法的测量工作中，这种情况表现得尤为突出。如果仪器质量不可靠，则测量获得的异常曲线没有任何规律可言，也就无法反映出地质体产生的异常。因此在测量工作中，要求所使用的天然电场选频仪必须满足各项技术指标，包括具有良好的稳定性、一致性以及抗干扰能力。作者所在的北京杰科创业科技有限公司研发生产的 JK 系列天然电场选频仪，采用硬件和软件相结合的信号处理技术，能够最大程度保证仪器在测量工作中获得稳定的天然电场信号，并突出地质体产生的异常。根据长期以来广大客户使用仪器的反馈情况来看，该系列仪器完全可以满足天然电场选频法在野外测量工作中对仪器的质量要求。

（2）保证天然电场选频仪配套测量电极的质量。在野外测量工作中，测量电极的损耗可能会导致电极出现短路或断路的情况。这种情况会导致仪器测量获得的数据忽大忽小，甚至无法获取测量数据。因此建议在每次开展野外测量工作之前，对测量电极进行必要的质量检查。

3.7.2 一次场场源的检查方法

每次正式开展测量工作之前，可以先检查测区一次场的变化情况，通过观察测区一次场的稳定性来判断场源是否能够满足正式测量的工作要求。具体可以采用"固定点观测法"的操作方法，即在测区中选择一个固定的测点，通过连续

采样来观察 ρ_s 异常值的连续变化情况。如果 ρ_s 异常值的变化比较稳定，则说明当前测区的一次场比较稳定，可以开展野外测量工作。

在测区进行固定点观测时需要注意，固定点观测的测量方向及 MN 电极距大小都应当与正式测量时保持一致。此外，固定点观测和正式测量都最好选择在工作日上午 9 时至下午 16 时天然电场场源比较稳定的时间段内进行操作。

在进行固定点观测时，一般可以采用两种操作方法。一种是在仪器上通过手工连续采样来观察测量结果，或直接观察仪器表头或数码管数值的连续变化情况；另一种是让仪器进行自动连续采样，并在屏幕上实时显示测量结果。前一种操作方法易受到人为因素的影响，而后一种操作方法则不存在这个问题。图3-21 为北京杰科创业科技有限公司研发的"JK 选频仪天然电场动态监测系统"对一次场变化情况进行实时监测的曲线图。通过这个曲线图，我们可以非常直观地观察到一次场的变化情况。

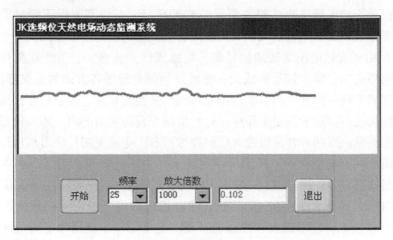

图 3-21　JK 选频仪天然电场动态监测系统

3.7.3　天然电场选频法的质量检查方法

常规电法的质量检查方法包括重复观测和系统观测这两种方法。重复观测是对当天测量的可疑点或突变点等可疑数据，在相同工作条件下进行的等精度重复测量，从而保证这个突变点或可疑点的测量数据达到一定的精度。系统观测是在测区工作完成后的一个阶段内，为评价测区总的工作质量而进行的独立检查工作。

天然电场选频法由于其场源性质等原因，质量检查不能采用上述两种常规电法所使用的检查方法，而是采用"天然电场选频法的全测线重复观测"这种检查方法，用以评价当天测量工作和整个测区测量工作的工作质量。

3.7.4 天然电场选频法的全测线重复观测

天然电场选频法的全测线重复观测（简称全测线重复观测）的检查内容、进行方式、检查标准以及质量评价都有着自己的做法和要求。下面作者以剖面测量为例，详细论述"剖面测量的全测线重复观测"的检查方法。天然电场选频法的其他测量方法如环形剖面测量、长线测深法以及频率测深法的质量检查方法，也可以参照剖面测量的工作质量检查方法去执行。

（1）全测线重复观测的目的、方法及内容：

1）检查目的：评价当天测量工作的质量。

2）检查方法：在野外完成一条剖面的测量工作后，如果发现该剖面存在 ρ_r 异常，则可以按照原剖面的测量路径再重新测量一次，即进行一次所谓的"全测线重复观测"。

3）检查内容：针对当天测量工作中出现 ρ_r 异常的剖面进行全测线重复观测，主要是通过检查两次观测的 ρ_r 曲线的形态特征是否一致，来判断这个 ρ_r 异常是否是真实存在的。以勘探岩溶水为例，如果在当天开展的剖面测量工作中，发现某一条测线出现了较好的"V"字形 ρ_r 低阻异常，那么为查明该异常存在的真实性，可以对此测线进行全测线重复观测。如果两次测量获得的 ρ_r 异常形态特征基本相同，则说明此"V"字形 ρ_r 低阻异常是真实存在的，质量检查是合格的。

（2）重复观测应注意的问题：

1）两次测量应按照同一测量路径和方向进行。如果第一次的测量方向为自西向东，那么第二次的测量方向也应为自西向东。

2）两次测量过程中 MN 电极的前后位置及电极距应保持一致。如果第一次测量时，M 电极在西，N 电极在东，自西向东进行测量，那么第二次测量时也应如此。这是因为大地电磁场是矢量场，如果电极位置相反，测量结果可能会有所不同。

（3）全测线重复观测检查的质量评价。

1）如果两次剖面测量获得的 ρ_r 异常形态特征基本重合或相似，可认为重复观测质量合格，异常真实存在。

2）如果两次剖面测量获得的 ρ_r 异常曲线中只有 1 至 2 个测量频率的 ρ_r 异形态特征基本重合或相似，也可认为重复观测质量合格。

3）如果两次剖面测量获得的 ρ_r 异常形态特征完全不同，例如第一次剖面测量时，出现了"V"字形 ρ_r 异常，而第二次剖面测量时，"V"字形 ρ_r 异常消失了；或者两次剖面测量获得的 ρ_r 异常形态特征完全不同，如第一次 ρ_r 异常为"V"字形，而第二次 ρ_r 异常变为其他形状，这时可进行第三次重复观测。如果第三次剖面测量获得的 ρ_r 异常形态特征与第一次的重合或相似，则说明重复观测质量是合格的。而如果第三次剖面测量获得的 ρ_r 异常形态特征与第一次的完全不同，则说明此异常是不可靠的，不能用于正式异常解释，仅可作为参考。

3.7.5　整个测区测量工作的质量评价

当我们在大面积范围内应用天然电场选频法开展地下水（或矿）的普查工作时，需要对整个测区内的测量工作进行质量评价。所谓"大范围"是指应用天然电场选频法在几平方千米至几十平方千米范围内开展大面积的地下水（或矿）的普查勘探工作。这种情况下，由于天然电场选频法场源的独特性质以及其他各种干扰因素的存在，因而天然电场选频法对整个测区测量工作的质量评价方法与人工场源电法勘探方法完全不同，有着自己的具体做法和要求。

（1）当应用天然电场选频法开展大面积地下水（或矿）的普查工作时，进行重复观测的剖面数量不少于测区总剖面数量的20%。

（2）重复观测的剖面，应重点布置在地质条件有利于形成地下水或矿床的异常带上。

（3）为评估整个测区的观测质量，可以根据测区的工作进展情况，分阶段进行全测线重复观测，作为测区在这个测量工作阶段的质量检查，最后再将各测量工作阶段的质量检查组成整个测区的质量检查。具体做法可为，每测量5条剖面，进行1条剖面的全测线重复观测。

（4）在整个测区中，为保证钻孔位置选择正确，对布置了井位（或矿位）的测线均应进行全测线重复观测，以确保异常是真实存在的。

（5）在正式的天然电场选频法物探报告中，必须详细记录整个测区的质量检查情况，并附录整个测区的质量检查图件。

上述天然电场选频法的重复观测质量检查工作，应包括对剖面测量、环形剖面测量、长线测深法测量以及频率测深法测量等各种测量结果的质量检查。

3.7.6　剖面测量的全测线重复观测实例

（1）图3-22为河南省地质矿产局机井重复观测对比剖面异常图。测线方向为东西向，$MN=20\text{m}$，点距$=10\text{m}$，井位位于10号测点。图3-22中实线为作者在1984年1月6日上午测量获得的 ρ_r 剖面异常图，虚线为1984年8月10日由河南省地质矿产局组织的天然电场选频法专家评审委员会测量获得的 ρ_r 剖面异常图。该井位于当时郑州地质学校教学楼西侧30m处，周围高压线、供电线、电话线林立。从图3-22中可以看出，两次重复观测的异常形态吻合，相似性很好，这表明天然电场选频法能够从事城市物探工作，在场源较为稳定时，可以获得良好的地质体异常曲线。

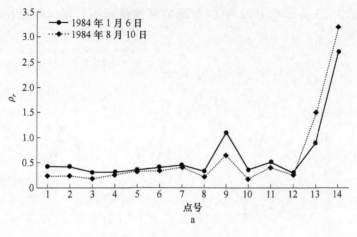

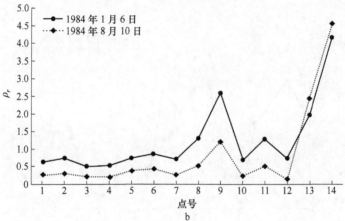

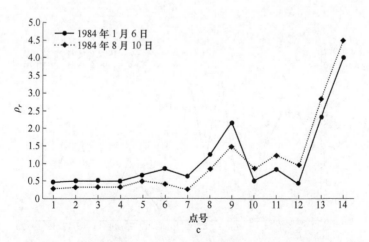

图 3-22   河南省地质矿产局机井重复观测对比 ρ_r 剖面异常图

a—f = 25Hz；b—f = 67Hz；c—f = 170Hz

（2）图 3-23 为作者 1992 年 6 月 28 在河南省荥阳市车厂村定井时获得的 4

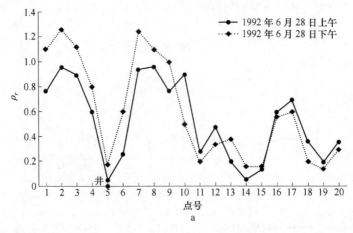

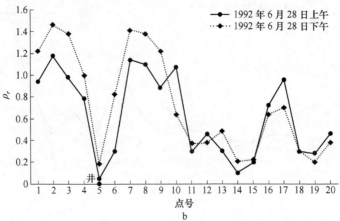

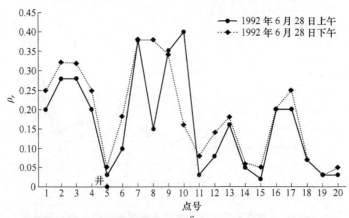

图 3-23　河南省荥阳市车厂村机井重复观测对比 ρ_r 剖面异常图

a—$f=25\mathrm{Hz}$；b—$f=67\mathrm{Hz}$；c—$f=170\mathrm{Hz}$

号测线重复观测对比 ρ_r 剖面异常图。测线方向为东西向，$MN=20m$，点距=10m。图 3-23 中实线为当日上午 10：30 测量获得的 ρ_r 剖面异常图，虚线为当日下午 16：20 测量获得的 ρ_r 剖面异常图。从图 3-23 可以看出，两次重复观测获得的异常曲线形态吻合，相似性很好，这说明地质体异常是客观真实存在的。在该地区所寻找的地下水类型为岩溶型地下水，作者最终将井位定在 5 号测点。钻探结果为井深 285m，单井涌水量 40m³/h。

（3）图 3-24 为河南省荥阳市崔庙乡栗树沟村机井重复观测对比 ρ_r 剖面异常图。测线方向为南北向，$MN=20m$，点距=10m。图 3-24 中实线为 1994 年 4 月 3 日作者使用微机选频仪测量获得的 ρ_r 剖面异常图，虚线为 1994 年 10 月 9 日作者使用当时新研发的一款天然电场选频仪进行野外试验性测量获得的 ρ_r 剖面异常图。从图 3-24 可以看出，两次重复观测所获得的异常形态吻合，相似性很好。这表明仪器的一致性和稳定性能够满足野外测量的要求。

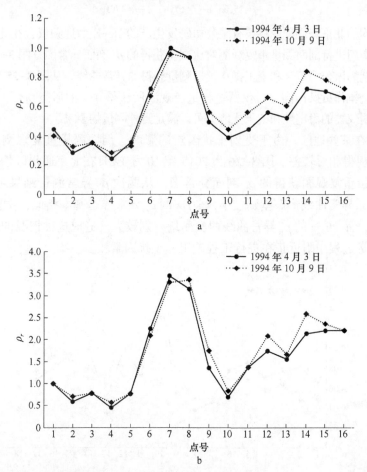

（4）图 3-25 为湖南宝山有色金属矿业有限责任公司于 2011 年 11 月 19 日下午，

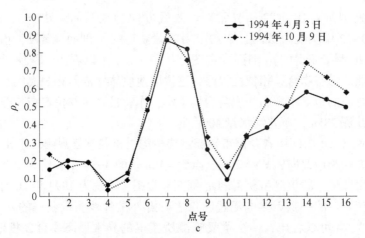

图 3-24　河南省荥阳市崔庙乡栗树沟村机井重复观测对比 ρ_r 剖面异常图

a—f = 25Hz；b—f = 67Hz；c—f = 170Hz

使用所选购的北京杰科创业科技有限公司研发生产的 JK-E 型选频仪，在北京通州区中泽馨园南门进行剖面测量重复观测对比试验获得的 ρ_r 剖面异常图。图 3-25 中实线和虚线分别为该公司黄工和李工操作仪器测量获得的异常曲线。从图 3-25 可以看出，两次由不同操作员操作同一台仪器进行重复观测所获得异常的形态吻合，相似性很好。这表明仪器的稳定性和抗干扰能力可以满足野外测量的要求。

（5）在某些地区，由于受到干扰因素的影响，剖面测量重复观测的一致性可能会表现得相对较差。图 3-26 为 2015 年 10 月 12 日在北京通州区怡乐中路进行剖面测量重复观测获得的 ρ_r 剖面异常图。从两次 ρ_r 异常测量结果可以看出，170Hz 的 ρ_r 异常曲线形态差别较小；67Hz 的 ρ_r 异常形态基本相似，主要 ρ_r 异常依然存在；而 25Hz 的 ρ_r 异常曲线两次测量差别较大。造成这种情况的原因是在当时的测量过程中附近正在进行工程施工，干扰因素较多。

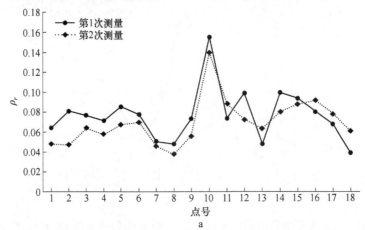

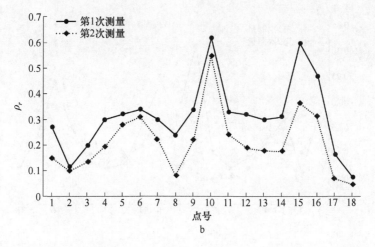

b

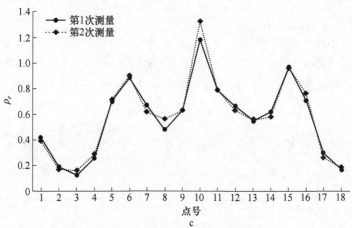

c

图 3-25 北京通州区中泽馨园南门重复观测对比 ρ_r 剖面异常图

a—f = 25Hz；b—f = 67Hz；c—f = 170Hz

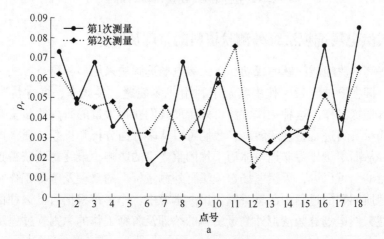

a

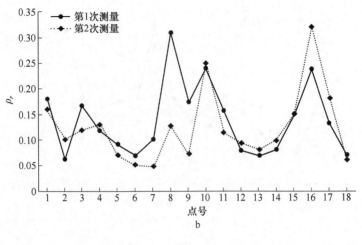

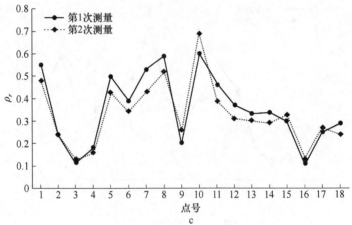

图 3-26　北京通州区怡乐中路重复观测对比 ρ_r 剖面异常图

a—f=25Hz；b—f=67Hz；c—f=170Hz

3.8　天然电场选频法野外测量资料的整理及解释

为提高解决地质问题的成功率，天然电场选频法采用多种测量方法并重的工作方法，即在野外测量工作中实现了利用"多装置、多频率、多方位"的测量方法开展勘探工作。这种工作方法可以帮助我们获得大量的野外测量资料。通过对这些测量资料进行整理和解释，我们可以从多方面分析和推断地质体产生异常的原因，从而尽量排除非地质体等干扰因素产生的影响，最终达到获得正确地质结论的目的。可以说，天然电场选频法野外测量资料的整理及解释工作在我们解决实际地质问题的过程中起着关键作用。本节中，作者将根据自己以往的工作经验，阐述天然电场选频法野外测量资料的整理及解释工作的原则、过程及内容。

3.8.1 天然电场选频法测量结果的图件

在应用前文所述的天然电场选频法勘探技术模式完成野外测量工作之后，我们可以将仪器中所保存的测量数据绘制成各种图件，这些图件也称为成果图。其中有的图件可以直接在仪器测量的同时或测量完成之后出图，有的图件需要将测量数据输入计算机中经数据处理后出图。成果图是表示测量工作结果的方法和手段，反映出大地电磁场与地下地质体之间的变化关系。根据这些图件，我们可以进行异常推断和异常解释。一般情况下，天然电场选频法的成果图包括：

（1）剖面图（包括典型剖面图和综合剖面图）。

（2）剖面平面图（包括剖面平面等值线图）。

（3）综合平面图。

（4）推断成果图。

（5）环形剖面图。

（6）长线测深图。

（7）频率测深法断面图。

（8）电性测定成果图。

（9）为试验某种测量装置或为试验某种工作而做出的特殊图件。

对图件的要求：

（1）正式图件必须在原始测量数据合格的基础上进行绘制。

（2）正式图件必须按照《物探绘图规范》的要求进行绘制。

3.8.2 天然电场选频法的资料解释

资料解释又称为异常解释推断或异常解释，其主要任务是明确天然电场选频法所获得的 ρ_s 异常和地下地质情况之间的关系。异常解释又可分为定性解释和定量解释。

定性解释主要是说明引起异常的地质原因，即异常是由什么地质体引起来的，是矿体、地下水层还是其他因素；其次是大致说明异常的位置和空间分布情况。

定量解释就是要具体说明异常体的形状、产状、位置、大小、埋藏深度、层数以及厚度等情况。

异常的定性解释与定量解释之间是相互有机联系的。在解释过程中，两者可以相互渗透，相互印证，相互补充。有时为获得正确的异常解释结果，还需要根据实际情况补做某些野外测量工作。

关于资料解释的准备工作、解释原则、解释步骤等一系列问题及内容，电法勘探书中已有详细叙述，这里不再赘述。下面作者以寻找岩溶型地下水为例，简要说明天然电场选频法的资料解释过程。

（1）对测区的异常进行分类。在完成测区的异常踏探及测量工作后，需要对测区的异常进行分类。异常分类的方法及原则较多，而作者的经验是根据天然电场选频法所获得异常的特点，即异常的形状、幅值、对称性、极大或极小点的变化、分布范围及分布方向等，并结合异常所处的地质位置来进行分类。例如在勘探地下水（或矿）的野外工作中，可以首先开展天然电场选频法的剖面测量工作，进行快速扫面普查，获得 ρ_s 低阻或 ρ_s 高阻异常带；然后再根据所要寻找地质体产生的异常特点，明确需要寻找的异常带特征；最后根据异常带特征对这些异常带进行分类，为下一步的异常解释做准备。

（2）寻找出在地质条件有利部位获得的 ρ_s 异常带。例如在寻找岩溶型地下水时，应寻找出在地质条件有利部位的"V"字形 ρ_s 低阻异常带。所谓地质条件有利部位，就是根据岩性、构造、地下水补给条件以及地形地貌等因素综合判断出的有利于地下水分布的位置。一般而言，寻找岩溶型地下水时，在地质条件有利部位产生的"V"字形 ρ_s 低阻异常带的含水的可能性往往较大。例如在灰岩地层中存在着一条张性断层，并且张性断层上还存在着"V"字形 ρ_s 低阻异常带，若此处地下水的补给条件较好、地形地貌又有利于地下水的补给且补给面积也较大，那么在资料解释的时候，这个异常带就值得我们重视了。

（3）从 ρ_s 异常带中选择出一条典型剖面进行解释。该过程主要包括以下几个步骤：

1）典型剖面是指该剖面在异常带中处于地形较为平坦、岩层出露较全、地质条件有利、电干扰较小甚至没有的地段，且投入天然电场选频法测量工作后获得的资料较全、异常特点较好，同时有已知井资料提供参考等。然而在野外实际工作中，我们无法找到完全满足上述所有条件的典型剖面，因此只能尽可能选择符合典型剖面要求的剖面来进行分析。

2）根据剖面上的 ρ_s 异常特点假设出地电剖面。例如在灰岩地区寻找岩溶型地下水时，异常点的变化呈现出多样性，这主要是由灰岩上覆盖层的地层性质、成分及厚度等因素决定的；同时与灰岩本身的含水层是断层、裂隙还是溶洞，以及含水层的埋深、形状、产状等因素也有关系。但不论怎样复杂，在这种地区测量获得的异常特点依然具有一定的共性，即在含水体上呈现出 ρ_s 极小值，也就是构成所谓的"V"字形 ρ_s 低阻异常。而将异常特点转化为地电剖面模型，有利于之后将地电剖面转化为地质剖面。

在转化过程中，我们需要根据异常特点并结合地质情况等多方面的因素进行综合分析，并定性分析这样的地电剖面从物性依据上是否能够推导出同样的 ρ_s 剖面异常图。图3-27为河南省荥阳市崔庙乡马蹄坡地区马东村机井1号测线 ρ_s 剖面异常图。该实例是在灰岩地区寻找岩溶型地下水，因此可以将井位定在9号测点。再根据当地的地质情况，如覆盖层的厚度、基岩的深度等，推导出图3-28所示的地电剖面图。

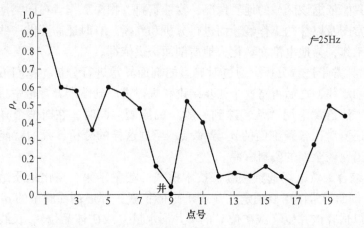

图 3-27　河南省荥阳市崔庙乡马蹄坡地区马东村机井 1 号测线 ρ_r 剖面异常图

3）将地电剖面图（图3-28）转化为地质剖面图（图3-29）。为完成这步转化工作，我们需要掌握该处的水文地质资料、岩石的物性资料、以往在这类型地层工作时获得的 ρ_r 剖面异常特点以及从附近已知井处获得的 ρ_r 剖面异常特点等各种资料。

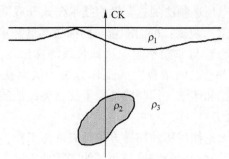

图 3-28　地电剖面图

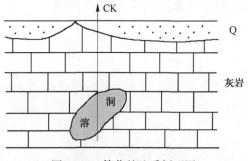

图 3-29　简化的地质剖面图

在已知区，剖面转化工作较为容易，采用"从已知推未知"或类比等方法，可以较容易将地电剖面图转化为地质剖面图。而在未知区，剖面转化工作则会相对困难，只能依据该区域的地质情况、物性资料、物探工作者在同类地层获得的 ρ_r 剖面异常图及以往的工作经验而进行分析和判断。有时还需要做一些理论计算和推导等工作，为地电剖面转化为地质剖面提供依据。

4）对异常带进行分析。通过对典型的剖面异常进行分析，我们可以获得初步的结论和规律，之后再将这个初步结论和规律推广到整个异常带中进行全面分析。分析方法通常采用"从特殊到一般"的原则。同时，在对整个异常带进行分析时，还要对比各条剖面的 ρ_r 异常点。经过这样的分析，我们就能够对整个异常带做出比较全面的资料解释。

（4）综合天然电场选频法勘探技术模式的测量结果，得出地质结论。剖面测量的 ρ_r 剖面异常图可以确定井（或矿）的位置；环形剖面测量的 ρ_r 环形剖面异常图可以估算该井位（或矿位）的单井涌水量（或矿体品位）；长线测深法的 ρ_r 长线测深法异常图可以确定该井位（或矿位）处地下水（或矿）的层数、各层的深度及厚度；频率测深法的 ρ_r 频率测深法断面异常图可以全面反映该井位（或矿位）所在剖面的地下电性变化情况。将后面两种测深方法所获得的资料相互配合使用，能够帮助我们更准确地了解井位（或矿位）处含水层（或矿层）的全面地质变化情况。

总之，运用天然电场选频法的这套勘探技术模式开展勘探工作，应采用"多频率、多装置、多方位"观测；剖面测量与测深法测量并重；测深方法又采用频率测深法（ρ_r-f 测深法）与非频率测深法即长线测深法（ρ_r-MN 测深法）相结合的这种"三多、两并重、两结合"的工作方法，从而获得多种测量参数，实现资料之间的相互对比和印证，抑制或消除干扰，突出地质体异常，最终达到获得良好地质效果的目的。

最后还应指出，无论使用哪种物探方法开展勘探工作，对该方法的资料解释都需要将所获得的各种物探测量结果与测区的实际地质情况相结合起来进行综合分析，这也是对勘探工作者的一个最基本的要求。此外，在天然电场选频法的资料解释过程中，还应当注意排除测区干扰因素的影响。只有这样，才能获得良好的地质效果。

4 天然电场选频法的干扰因素分析

天然电场选频法的干扰因素分析是天然电场选频法勘探技术模式中的重要内容，因此作者将在本章中对其进行单独讨论。

在野外测量工作中，某些异常不是由所寻找的地质体对象产生的，而是由其他因素产生的，这些因素统称为干扰因素。由干扰因素产生的异常称为假异常曲线（或假异常、干扰异常）。假异常曲线可分为两种，分别为假 ρ_r 高阻异常曲线和假 ρ_r 低阻异常曲线。

假 ρ_r 高阻异常曲线会对勘探高阻地质体，如第四系、第三系砂卵石层水、岩洞、古墓、高阻矿体（如石英脉型金矿）等造成干扰，因为这些高阻地质体产生的也是 ρ_r 高阻异常曲线。假 ρ_r 低阻异常曲线会对勘探低阻地质体，如基岩裂隙水、岩溶水、低阻矿体（如蚀变破碎带型金矿、铅锌矿、铜矿）等造成干扰，因为这些低阻地质体产生的也是 ρ_r 低阻异常曲线。

在测量工作过程中，我们需要对所获取的异常加以区分，即分辨什么是由地质体产生的真实异常、什么是由干扰因素产生的假异常。例如在地下水（或矿）的勘探工作中，地下水体（或矿体）产生的异常是我们需要寻找的真实地质异常，而工作区域附近的电干扰、非目标地质体影响、地形影响、操作不当等各种因素产生的异常则是假异常。这些假异常会影响我们对真实异常的分析和判断，因此要求我们必须能够对其加以区分。

如何识别和判断各种干扰因素产生的假异常，是所有物探方法在资料解释过程中所要面对的重点和难点之一。这涉及物探异常的区分和获得唯一解的重要问题，因此必须引起我们的足够重视。对于天然电场选频法而言，为降低野外工作过程中干扰因素造成的影响，我们首先需要收集测区的地质资料和物性资料；其次需要注意进行现场踏探，合理布置各种测量工作，对测量数据进行适当处理；此外还需要保证各个环节的工作质量，从而尽可能减少各种干扰因素造成的影响。如果实在不能避免某些干扰因素的影响，那么就应当在测量过程中将这些受到干扰因素影响的测线和测点记录下来，在以后分析和判断异常的时候，充分考虑这些干扰因素造成的影响。

4.1 电磁干扰因素

电磁干扰是所有电法仪器都要面对的一个重要干扰因素。天然电场选频仪测量的是大地电磁场中的电场分量，因此测量结果或多或少都会受到测区附近电磁场变化的影响。尽管我们在仪器设计时，从硬件到软件都进行了大量抗干扰设计并采取了各种抗干扰措施，但在实际测量过程中，工作者仍然需要注意周围的高压线、电线、地下电缆、通信电缆、变电站、变压器等干扰因素可能对测量结果造成的影响。为提高解决地质问题的成功率，在资料解释的过程中适当考虑这些因素造成的影响是非常有必要的。

当测线垂直穿过高压线、电线、通电的地下电缆时，或测线周围存在变压器、变电站、信号发射站时，一般会产生 ρ_r 高阻异常曲线，这会对勘探高阻地质体，如寻找砂卵石层水或石英脉金矿等造成干扰。如图 4-1 的 ρ_r 剖面异常图所示。

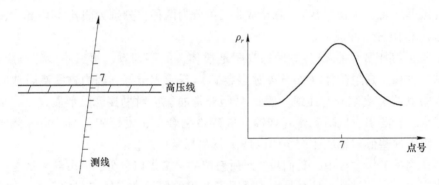

图 4-1   垂直通过高压线的 ρ_r 剖面异常图

在这种情况下，如果被勘探的是低阻地质体，如寻找基岩裂隙水、岩溶水或低阻矿体等，那么这些低阻地质体产生的低阻异常还是可以被识别的。图 4-2 是作者在河南省荥阳市贾峪乡索坡村寻找地下水时获得的 ρ_r 剖面异常图。该地区主要是寻找二叠系地层的基岩裂隙水，所以井位应该选择在"V"字形 ρ_r 低阻异常处。根据此处高压线的供电规律（电压 3 万伏），作者在高压线供电和断电时分别进行了对比测量。从图 4-2 中可以看出，在高压线供电时，测量获得的异常曲线西部被抬高而呈现出锯齿状，但地质体产生的"V"字形 ρ_r 低阻异常依然存在；而在高压线断电时，测量获得的异常曲线整体表现较为规则，地质体所产生的异常更加明显。因此，作者最终将井位定在此 ρ_r 低阻异常处，成井后单井涌水量为 25m³/h。

当测线平行于高压线布置时，测量工作所受到的影响一般较小，但整条测线的测量数据会相应抬高，如图 4-3 所示。因此在野外测量过程中，如果一定要在高压线附近开展地下水或矿床的勘探工作，尽量不要选择垂直于高压线布置测线，而应选择与高压线平行并保持一定距离布置测线，从而尽量减少或避免假异常曲线的出现。

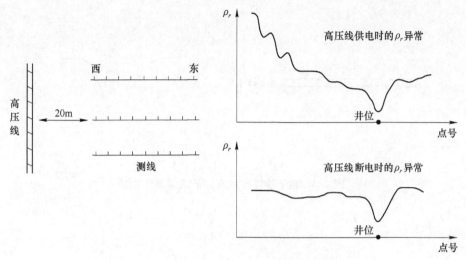

图 4-2 高压线旁寻找 ρ_r 低阻异常地质体

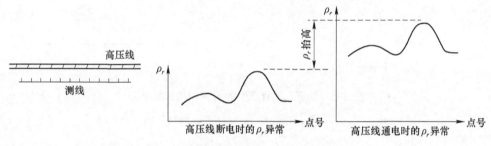

图 4-3 平行高压线时 ρ_r 异常值被抬高

4.2 非目标地质体产生的干扰因素

地下的地质情况非常复杂，因此在寻找目标地质体时往往会有非目标地质体对象产生干扰异常，从而影响到我们对目标地质体的寻找、分析和判断。

（1）测线垂直通过地下金属管道等低阻地质体时，会产生 ρ_r 低阻异常，如图 4-4 所示。

（2）测线垂直通过地下非金属管道，如水泥管、塑料管等高阻地质体时，会产生 ρ_r 高阻异常，如图 4-5 所示。

（3）测线通过地下洞穴时，如岩洞、土洞、地下防空洞、不充水的煤矿采空区等高阻地质体时，会产生 ρ_r 高阻异常，如图 4-6 所示。

上述例子告诉我们：

（1）对干扰异常需要辩证看待。在勘探地下岩溶水、基岩裂隙水或低阻矿体时，地下金属管道、地下充水洞穴等产生的异常为干扰异常。但在专门勘探地

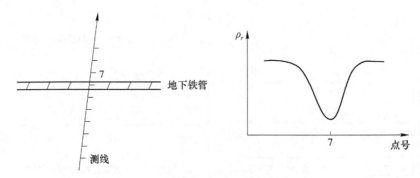

图 4-4　地下铁管产生的 ρ_r 低阻剖面异常图

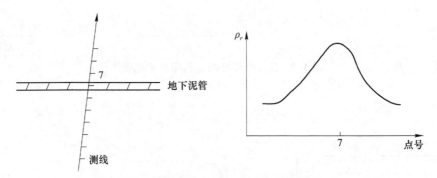

图 4-5　地下水泥管产生的 ρ_r 高阻剖面异常图

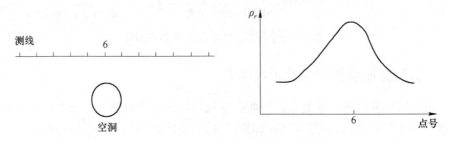

图 4-6　地下空洞产生的 ρ_r 高阻剖面异常图

下埋设的管道和洞穴时，该异常则是被勘探地质体产生的真实异常。

　　（2）地下的管道、洞穴等地质体产生的异常具有多样性，不同性质的地质体产生的异常是不同的。例如，在寻找洞穴时，由于洞穴的填充物不同，其产生的异常也不同。空洞会产生 ρ_r 高阻异常，但如果洞中填充有低阻物质，如煤矿采空区充水、煤矿坑道充水等，则会产生 ρ_r 低阻异常。又如在寻找古墓时，其产生的异常也是多样的，砖结构会产生 ρ_r 高阻异常，充水则会产生 ρ_r 低阻异常。因此，在进行异常解释时，我们一定要仔细分析，并结合当地的具体地质条件和现场条件进行综合判断，这样才有可能得出正确的结论。

4.3 地形的影响因素

地形对各种物探方法都会产生一定的影响，对本方法也不例外。因此，在布置工作和分析资料时，应到现场进行实地踏探，注意尽量避开各种地形影响。本方法在避免地形影响方面具有一定的优势。由于无需供电设备，测线布置灵活，仪器轻便，因而可以较为容易地减少或避开地形所产生的影响。但是在实际测量工作中仍需要注意以下几个问题：

（1）山前地下隐伏的凹形地形会造成 ρ_r 低阻异常。这种异常曲线图最大的特点是异常的形状如"U"字形，如图4-7所示。在分析判断这种异常时需要特别注意。

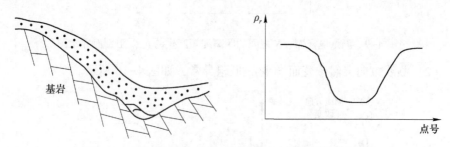

图4-7 山前地下隐伏凹形地形造成的 ρ_r 低阻剖面异常图

（2）测线通过陡坎地形时，会受地形影响而出现 ρ_r 低阻异常。如图4-8所示，通常在3m以上的陡坎进行测量时影响较为明显；在1m以下的陡坎进行测量时影响较小；而在斜坡地形进行测量时一般不受影响。

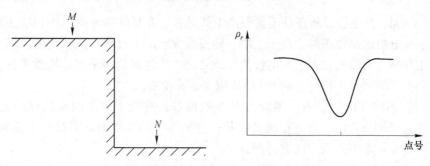

图4-8 陡坎的地形产生的 ρ_r 低阻剖面异常图

4.4 操作的影响因素

野外测量工作过程中的不当操作，如边测量边使用手机通话、M、N电极电缆之间接触不良等，都会影响到测量数据的准确性或产生假异常。因此，在野外测量工作过程中，必须保证各个环节的工作质量，尽量避免各种干扰因素造成的影响。

（1）测量电极 M、N 之间的距离缩短而产生 ρ_r 低阻异常。如图 4-9 所示，在野外测量过程中，如果整条测线都按照 M、N 电极距为 20m 进行测量，但在测量其中的 1~2 个测点时，M、N 电极距由于某种原因小于 20m，那么在该 1~2 个测点处就会出现 ρ_r 低阻异常，进而对地下水（或矿）的勘探工作造成干扰。

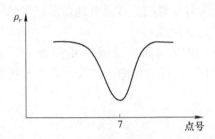

图 4-9　测量电极 M、N 之间的距离缩短产生的 ρ_r 低阻剖面异常图

（2）测线方向突然改变而产生 ρ_r 低阻异常，如图 4-10 所示。

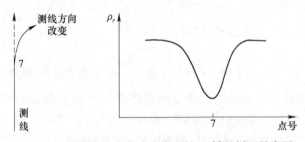

图 4-10　测线方向突然改变产生的 ρ_r 低阻剖面异常图

（3）M、N 电极接地条件不良而产生假异常。在野外测量工作中，应注意改善 M、N 电极的接地条件。在干土层、沙漠或戈壁滩等接地条件较差的区域开展测量工作时，可以先在 M、N 电极的接地处浇水或饱和盐水来改善接地条件。在冻土层上开展测量工作时，M、N 电极应穿透冻土层。

（4）测线方向的影响。测线方向一般被布置垂直于被勘探地质体的走向，或者垂直于构造走向。有时在测区沿某一方向测量的几条剖面都没有出现异常，那么可以尝试改变测线方向进行测量。

5 天然电场选频法的野外工作实例

天然电场选频法和天然电场选频仪自 20 世纪 80 年代诞生之初就在解决地质问题方面表现出了巨大的潜力。例如 1984 年 11 月 9 日由《中国地质报》发表的题目为《唤醒沉睡的泉宫》一文，报道了作者等人使用天然电场选频法和天然电场选频仪在严重缺水的河南省荥阳市崔庙乡马蹄坡地区马东村成功寻找到了丰富的地下水源，解决了困扰当地群众多年的饮用水问题。1987 年 12 月 4 日《中国地质报》发表的《踏破铁鞋无觅处，微机选频仪显神通——国际和平战士，加拿大外科专家夏理逊的遗骨找到了》一文，报道了作者等人使用微机自动选频物探测量仪在原河南省开封市禹王台区医院前街小学（现更名为夏理逊小学）院内成功寻找到为中国人民解放事业献身的国际和平主义战士，加拿大国际著名的外科医生蒂尔森·来孚·夏理逊大夫的遗骨。1984 年 9 月 10 日《中国地质报》发表的《天然电场选频法在工程地质、普查地下热水中的应用》一文，报道了天然电场选频法在工程地质和地热勘探工作中取得的成果。随着天然电场选频法在解决各种地质问题上的优势不断被认可，越来越多的物探工作者开始了解、应用和研究该物探方法。

本章中，作者从自己多年以来使用天然电场选频法和天然电场选频仪的野外工作实例中，挑选出一部分典型实例供读者参考。这些所选择的实例，一方面较为典型且具有较高的参考价值；另一方面充分融入了作者所提出的"天然电场选频法勘探技术模式"，能够让读者更好地了解如何应用天然电场选频法开展野外勘探工作以及如何对测量资料进行分析、解释和推断。

5.1 天然电场选频法在地下水勘探工作中的应用

寻找地下水的方法有多种，包括水文地质方法、物探方法（天然电场选频法也是其中的一种）以及其他方法。但不论应用哪种方法寻找地下水，都必须遵循地质、水文地质的规律去开展工作，才能取得成功。作为一名地下水勘探工作者，必须具备地质学以及水文地质学的基本知识。除此之外，在应用天然电场选频法寻找地下水的过程中，还需要注意以下几个问题。

（1）了解和掌握影响地下水分布的因素。在勘探之前，需要了解和掌握影响测区地下水分布的因素，这对地下水的勘探工作会有很大帮助。地下水的形成和分布主要由岩性、地质构造、地形地貌以及降雨气候等条件所控制。

　　岩性条件是控制地下水的基础。岩石性质不同，会导致含水性质也不同，并且决定着该岩石层受到后期地质构造而可能产生的各种变化。因此，岩性条件决定了岩层的含水性或隔水性。不同性质的岩层在天然电场选频法剖面测量和测深法测量中所产生的 ρ_r 异常的形态和特点差别很大。

　　地质构造条件起着控制地下水的分布、蕴藏及运动的作用。地质构造可以沟通含水层之间的水力联系，改变地下水的流向，也可以使非含水层破碎后成为含水层。因此，在应用天然电场选频法开展地下水或地下热水的勘探工作中，首选的勘探对象应当是断裂带、破碎带以及其他含水构造。

　　地形地貌条件决定着补给汇水面积大小、径流速度快慢以及排泄畅通程度等情况。同时，还需要考虑地形对天然电场选频法异常造成的影响等问题。

　　降雨气候条件决定着该地区地下水总量的来源。南方降雨量大，所以地下水来源多、总量大；而北方降雨量少，所以地下水来源就相对较少。因此，同样是在岩溶地区找水，由于南方和北方的降雨量不同，岩溶发育程度就有所差别。应用天然电场选频法在熔岩地区找水时，就需要注意这种差别。

　　(2) 含水层的分类。由于工作目的和工作要求不同，因此含水层的分类原则也不同。在天然电场选频法中，根据不同性质的含水层产生的 ρ_r 异常特点，并结合水文地质学中含水孔隙的性质，可以将含水层分为以下几种：[1]

　　1) 孔隙含水层。这种类型的含水层存在于具有孔隙的各种砂层、卵石层和砾石层中。第四系和第三系的砂、卵石地层中的含水层一般属于这种类型的含水层。应用天然电场选频法寻找这种类型的含水层时，一般可以选择 "A" 字形 ρ_r 高阻异常处作为井位。

　　2) 基岩裂隙含水层。这种类型的含水层存在于具有裂隙的各种砂页岩、砾岩、变质岩和火成岩等裂隙带中，统称为基岩裂隙含水层。应用天然电场选频法寻找这种类型的含水层时，一般可以选择 "V" 字形 ρ_r 低阻异常处作为井位。

　　3) 岩溶水含水层。这种类型的含水层存在于具有岩溶发育的各种灰岩、白云岩和大理岩中。应用天然电场选频法寻找这种类型的含水层时，一般也选择 "V" 字形 ρ_r 低阻异常处作为井位。

　　需要注意的是，上述三类含水层在天然电场的作用下产生的 ρ_r 异常的形态和特点并不是一成不变的。受不同地质条件、干扰因素或者某些客观条件发生改变等带来的影响，ρ_r 异常有时会呈现出相反的形态。例如，在南方岩溶地区寻找地下水，特别是在寻找地下暗河时，如果在雨季期间溶洞充满水时进行测量，那么所获得的 ρ_r 异常为低阻异常；但如果在枯水季节溶洞无水或者没有被充满时进行测量，那么所获得的 ρ_r 异常则会变为高阻异常。这是因为，后者所测量的是空洞而不是含水层。测量的对象及其条件发生了变化，因此获得的异常性质及特点也会发生相应变化。这就要求我们在野外工作中，必须根据实际情况，具体问题具体分析，才能做出正确的推断。这也是我们对天然电场选频法的测量资料进行解释分析时，所需要注意的重要问题之一。

（3）应用天然电场选频法寻找地下水的关键是正确选择和确定机井的位置。寻找地下水是一个系统工程，其基本工作程序在"天然电场选频法勘探技术模式"一章中已经有详细论述。而这些基本工作程序中的任何一项出现问题，都有可能导致所选择的井位存在失败的风险。对于如何选择井位这个问题，作者在"天然电场选频法勘探技术模式"一章中已经进行了相应的阐述，在实际工作中还需要注意以下几个问题：

1）在某个地区寻找地下水时，首先要根据该地区的地质及水文地质资料明确所要寻找地下水的类型。明确了所要寻找地下水的类型，也就明确了该地区地下水产生的 ρ_s 异常的形状、性质和特点，这为我们之后开展天然电场选频法的测量工作和进行异常分析解释提供了明确的目标。

2）天然电场选频法剖面测量获得的 ρ_s 异常是确定井位的主要依据，但不是唯一依据。还应该与环形剖面测量、长线测深法和频率测深法等测量方法所获得的异常进行相互对比、相互印证，从而最终确定井的位置。通过这种工作方法确定的井位，成井率会更高。

（4）在应用天然电场选频法寻找地下水的工作过程中，还需要注意个性化操作的问题。所谓个性化操作，就是要根据测区的地质、水文地质、物性参数和干扰因素等各方面的具体情况，综合运用天然电场选频法勘探技术模式开展野外测量工作和进行异常资料解释。与其他电法勘探方法相比，应用天然电场选频法解决地质问题更加强调个性化操作，这是由以下因素造成的：

1）天然电场选频法的场源具有多元性和较强的区域性，受局部区域场源的影响较大。每个地区的场源都有各自的分布规律和特点，因此，通过个性化操作可以减少因场源变化而造成的不必要影响。前文所述的在河南省许昌县寻找曹操藏兵藏粮洞就是其中一例。

2）不同测区具有不同的地质、水文地质和地电情况。针对本测区的具体情况制定测量方案、方法以及进行资料解释更具有目的性、针对性、有效性和准确性。这是一种量体裁衣的个性化做法。

天然电场选频法具有自己的优势和特点，但也有不足之处，而个性化的操作可以起到扬长避短的作用。例如，北京杰科创业科技有限公司的天然电场选频仪用户、山东省某钻井队就曾运用个性化操作的方法在某测区成功寻找到地下水。该测区附近有一条高铁线路，经常有高铁列车通过。工作初期，工作人员并没有注意到这些问题，只是发现异常曲线的规律性不够明显，一直认为这是由花岗岩的内部成分变化和不均性引起的。后来怀疑出现这种现象可能与高铁列车通过时引起的电磁场变化有关。于是，工作人员在附近的一口已知井上进行了试验性对比测量，测量过程中分别有高铁列车通和没有高铁列车通过，结果发现两种情况下所获得的异常曲线有很大差别，后一种情况下获得的异常曲线变化较为规律且与钻探结果基本相符。因此从这之后，工作人员都选择在没有高铁列车通过的时间段内开展测量工作，最终取得了满意的地质效果。这就是在一个地区采取个性化操作而获得良好地质效果的实例。

5.1.1　岩溶水勘探实例

5.1.1.1　河南省荥阳市崔庙乡马蹄坡地区马东村机井

马蹄坡地区位于伏牛山余脉的黄土丘陵之间，覆盖层下为石灰岩地层。该地区曾经是一个严重缺水的地区，历史上花费了相当大的代价但仍未解决人畜吃水问题。1983年4月15日，作者等人在该地区应用天然电场选频法开展找水定井工作。这也是国内首次使用天然电场选频法和天然电场选频仪解决地质问题。该机井于1984年2月28日由郑州市空压机厂钻井公司钻井施工，并于1984年4月20日成井，井深226m，单井涌水量56m³/h，成功解决了困扰当地百姓的多年的饮用水问题。为此，《中国地质报》在1984年11月9日以《唤醒沉睡的泉宫》为题，发表了使用天然电场选频法和天然电场选频仪在该地区成功寻找到地下水的新闻报道。图5-1为《中国地质报》对此事的新闻报道。

图5-2为其中两条测线的ρ_r剖面异常图。1号测线的测线方向为南北方向，2号测线的测线方向为东西方向。井位最终确定在1号测线的9号测点。尽管在布置2号测线时，由于测线两侧都是陡坎，受勘探条件限制只测量了9个测点，但从ρ_r剖面异常图中仍然可以观测到井位位于"V"字形ρ_r低阻异常处。图5-3为井位处地质剖面示意图。图5-4为钻孔地质柱状示意图。

钻探结果：终孔深度226m；其中含水层为53.5～60m裂隙水层，104～108m溶洞水层，120～123m溶洞水层，144～156m溶洞和裂隙水层，207～211.5m溶洞水层（溶洞充填细沙）；166.8～226.7m断续出现溶洞，并被黏土、姜石、砾石、细沙等充填物充填；单井涌水量56m³/h；静水位深度76m，动水位深度83m。

图5-5和图5-6为成井后作者在这个已知井上开展环形剖面测量和长线测深法测量获得的ρ_r异常图，目的是检验这两种测量方法的地质效果。从测量结果和已知井的资料对比来看，这两种测量方法在野外工作中可以获得良好的地质效果。

图5-5为井位处的ρ_r环形剖面异常图。根据$\alpha = 3.26$预估单井涌水量约为32m³/h，实际单井涌水量为56m³/h。

图5-6为井位处的ρ_r长线测深法异常图。根据图5-6，理论推断含水层深度分别为120～150m和190～210m。理论推断和实际钻探结果基本相符。

图 5-1　《中国地质报》对马蹄坡地区成功寻找到地下水的新闻报道

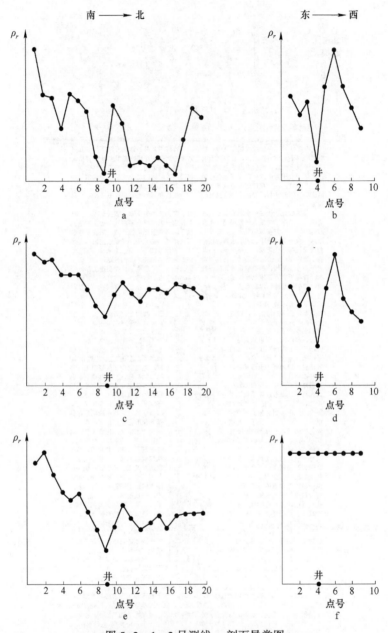

图 5-2　1、2 号测线 ρ_r 剖面异常图

a—1 号测线 ρ_r 剖面异常图（$f=25\text{Hz}$，$MN=20\text{m}$，点距 $=10\text{m}$）；b—2 号测线 ρ_r 剖面异常图
（$f=25\text{Hz}$，$MN=20\text{m}$，点距 $=10\text{m}$）；c—1 号测线 ρ_r 剖面异常图（$f=67\text{Hz}$，$MN=20\text{m}$，
点距 $=10\text{m}$）；d—2 号测线 ρ_r 剖面异常图（$f=67\text{Hz}$，$MN=20\text{m}$，点距 $=10\text{m}$）；
e—1 号测线 ρ_r 剖面异常图（$f=170\text{Hz}$，$MN=20\text{m}$，点距 $=10\text{m}$）；
f—2 号测线 ρ_r 剖面异常图（$f=170\text{Hz}$，$MN=20\text{m}$，点距 $=10\text{m}$）

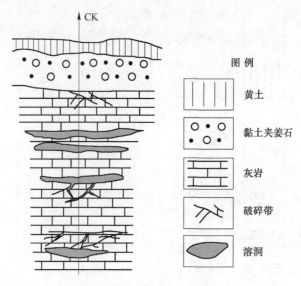

图 5-3 地质剖面示意图

图 例

黄土	
黏土夹姜石	
灰岩	
破碎带	
溶洞	

5.1.1.2 河南省密县园林乡园林村机井

该机井由作者定于 1985 年 8 月 20 日，井深 169m，单井涌水量 50m³/h。在本次应用天然电场选频法开展找水定井的工作中，作者所采用的仪器是当时最新研制成功的微机自动选频物探测量仪，除开展剖面测量工作外，还开展了环形剖面测量和长线测深法的测量工作，并获得了良好的地质效果。作者通过对天然电场选频法不同测量方法和不同测量装置的不断实践和总结，逐渐探索出一套独具特色的天然电场选频法勘探技术模式。

图 5-7 为剖面测量工作布置示意图。由于测区南北两侧均有密集的房屋，因此作者在该处只布置了三条剖面测线，每条剖面测线长约 130m，间距约 40m，测线方向均为东西向。

图 5-8 为三条测线的 ρ_r 剖面异常图。测线距 = 40m，MN = 20m，点距 = 10m，测线方向：东→西。通过对这三条测线的异常曲线进行对比和分析，并结合该地区的地质资料和物性资料进行综合判断，作者最终将井位定在 Ⅱ 号测线的 8 号测点。

图 5-9 为井位处的 ρ_r 环形剖面异常图。根据 $\alpha = 4.12$，并结合当地地质情况，预估单井涌水量约为 45m³/h，和实际成井后单井涌水量 50m³/h 基本相符。

图 5-10 为井位处的 ρ_r 长线测深法异常图。根据图 5-10，推断含水层有两层，深度分别为 110m 和 145～155m。实际钻探结果为含水层有两层，深度分别为 112.8m 和 150～160m。理论推断和实际钻探结果基本相符。

岩层柱状图	岩性描述	岩层厚度/m	岩层深度/m
	黄土	11.00	11.00
	黏土含姜石	42.5	53.50
	石灰岩有裂隙	16.00	69.50
	白色泥岩	16.90	86.40
	石灰岩溶岩	18.20	104.60
	石灰岩溶岩	18.30	122.90
	石灰岩溶岩	19.70	142.60
	石灰岩溶岩	15.41	158.01
	黑灰色石灰岩	8.79	166.80
	红黏土	8.20	175.00
		2.60	177.60
	黏土含姜石	13.40	191.00
	黏土	2.70	193.70
	石灰岩	6.40	200.10
	红黏土含砾石	6.90	207.00
	岩溶细沙	4.50	211.50
	软泥沙	5.10	216.60
	黄白色砂	4.21	222.00
	灰白干砂	3.00	226.00

图 5-4 钻孔地质柱状示意图

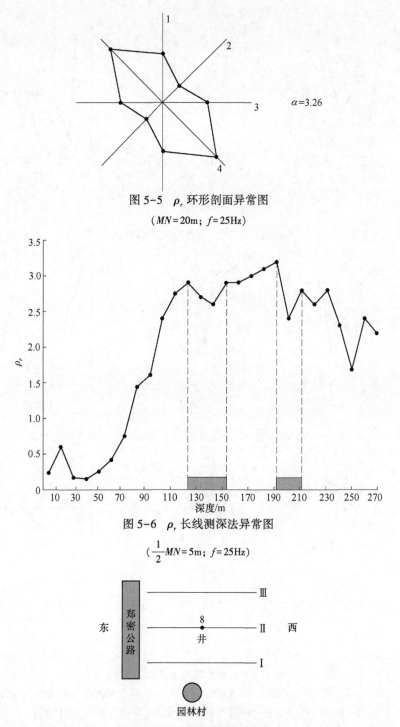

图 5-5 ρ_r 环形剖面异常图

($MN=20\text{m}$; $f=25\text{Hz}$)

图 5-6 ρ_r 长线测深法异常图

($\frac{1}{2}MN=5\text{m}$; $f=25\text{Hz}$)

图 5-7 工区布置示意图

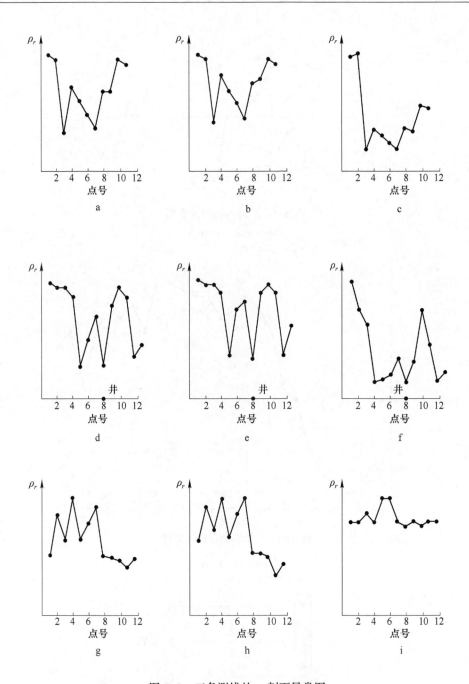

图 5-8   三条测线的 ρ_r 剖面异常图

a—Ⅲ号测线，$f=25\,\mathrm{Hz}$；b—Ⅲ号测线，$f=67\,\mathrm{Hz}$；c—Ⅲ号测线，$f=170\,\mathrm{Hz}$；

d—Ⅱ号测线，$f=25\,\mathrm{Hz}$；e—Ⅱ号测线，$f=67\,\mathrm{Hz}$；f—Ⅱ号测线，$f=170\,\mathrm{Hz}$；

g—Ⅰ号测线，$f=25\,\mathrm{Hz}$；h—Ⅰ号测线，$f=67\,\mathrm{Hz}$；i—Ⅰ号测线，$f=170\,\mathrm{Hz}$

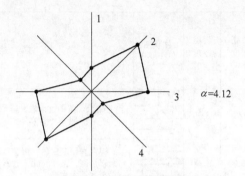

图 5-9 ρ_r 环形剖面异常图

($MN=20\text{m}$; $f=25\text{Hz}$)

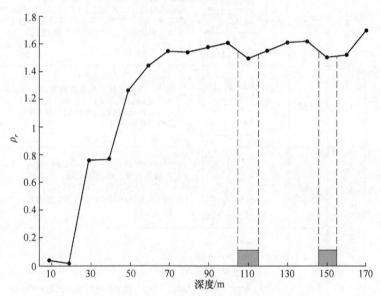

图 5-10 ρ_r 长线测深法异常图

($\frac{1}{2}MN=5\text{m}$; $f=25\text{Hz}$)

图 5-11 为钻孔地质柱状图。施工单位为河南省平顶山市冶金勘探公司钻井队。静水位深度 103.5m。

5.1.1.3 河南省荥阳市崔庙乡白赵村机井

该地区属于严重缺水的农村地区。为此，时任河南省省长的李长春同志曾于 1992 年春节后前往该地区进行视察。为帮助当地村民解决用水问题，作者于 1992 年 6 月 4 日在该村应用天然电场选频法开展找水定井工作。该机井于 1992 年 6 月 29 日开始钻井，并于同年 10 月成井，井深 250m，单井涌水量 42m³/h。

地质年代	层位代号	层底深度/m	岩层厚度/m	柱状图(1:1000)	岩 性 描 述
第四系	Q	3.00	3.00	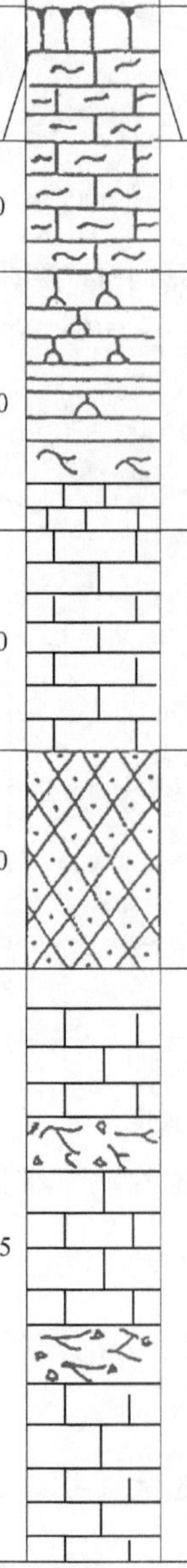	亚黏土：黄褐色干燥，坚硬，坡积层透水不含水
第三系	N	20.00	17.00		泥灰岩、灰白色，带黄色斑点，夹灰岩角砾，直径5mm，含石英颗粒，为透水不含水层
石炭系	C_3^{3+2}	44.50	15.00		燧石灰岩与砂页岩互层；燧石灰岩有四层致密状结构，块状构造，深灰色，燧石呈条带状产出，黑色，其间砂页岩为黄色，在44.30m处漏水，岩地可见溶蚀现象
	C_3	52.50	17.50		灰岩：为深灰色，生物碎屑灰岩，夹绪核状燧石或硅质层，含䗴科化石，有方鲜石细脉穿插，致密结构块状构造，底数有溶蚀现象
	C_2	70.50	17.50		铁铝质页岩：顶部为1.00m厚的炭质页岩夹劣煤，中间约8.00m左右铝土矿，呈深灰色，豆睡状结构，底部为8.50m左右高铁黏土矿，该层为隔水层
奥陶系	O_2	169.35	107.35		灰岩：顶部为浅黄色泥质灰岩，厚5.00m左右，下部为深灰色厚层状灰岩，质较纯，精密结构，块状构造在112.80m处有大溶蚀裂隙158.00～160.00m处有溶蚀带裂隙为1～2cm这两层为本井主要含水层理论推断为：108.00m和145.00～155.00m。两层含水层初定水位：101.50m稳定水位：103.45m

单井涌水量：50～60t/h　　　　　　　　　开钻日期：1985.11
静止水位面：103.50m　　　　　　　　　终止日期：1986.1

图 5-11　钻孔地质柱状图

图 5-12 为 15 号测线 ρ_r 剖面异常图，$MN = 20\text{m}$，点距 $= 10\text{m}$，测线方向：东→西，井位定在 10 号测点。图 5-13 为井位处地质剖面示意图。

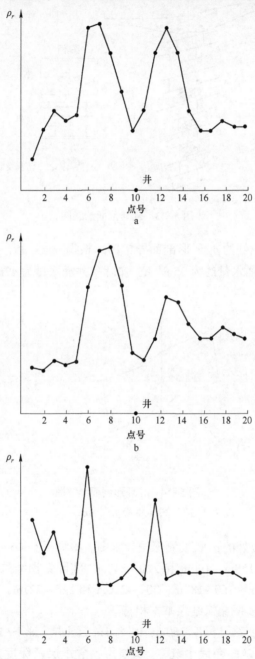

图 5-12 ρ_r 剖面异常图

a—$f = 25\text{Hz}$；b—$f = 67\text{Hz}$；c—$f = 170\text{Hz}$

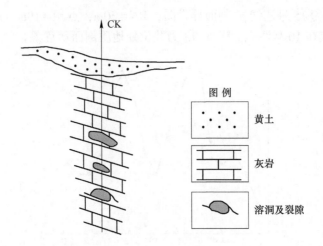

图 5-13　地质剖面示意图

图 5-14 为井位处的 ρ_r 环形剖面异常图。根据 $\alpha = 3.35$，并结合当地地质情况，理论估算单井涌水量约为 $35m^3/h$，实际单井涌水量为 $42m^3/h$。

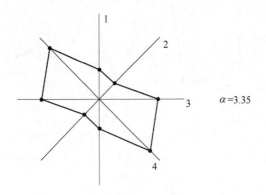

图 5-14　ρ_r 环形剖面异常图

（$MN = 20m$；$f = 25Hz$）

图 5-15 为井位处的 ρ_r 长线测深法异常图。根据图 5-15，理论推断含水层有三层，深度分别为 150m、190m 和 220~240m。实际钻探结果含水层有四层，深度分别为 145~150m、160~187m、207~216m 和 220~227m，其中 170~179m 为溶洞。理论推断和实际钻探结果基本相符。

实际钻探结果：终孔深度 250m；0~8.1m 黄土层，8.1~104.8m 寒武上统灰岩层，104.8~250.25m 寒武中统 ϵ_2 灰岩层；含水层及深度分别为 145~150m、160~187m、207~216m 和 220~227m，其中 170~179m 为溶洞；单井涌水量 $42m^3/h$，静水位深度 110.3m。

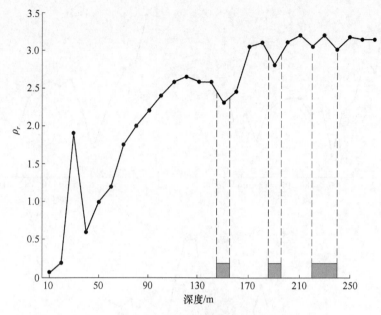

图 5-15 ρ_r 长线测深法异常图

$$\left(\frac{1}{2}MN=5\text{m};\ f=25\text{Hz}\right)$$

5.1.1.4 河北省承德市焦家梁村机井

本实例由 JK 天然电场选频仪用户、河北省张家口市的孔先生提供。机井井深 276m，单井涌水量 103m³/h。机井所在村处于山前丘陵地区，地形起伏，沟壑纵横。地表全部为黄土覆盖，部分区域偶尔出露第四系干砂、卵石黏土混合地层。附近山上出露 O_2 灰岩层。在村北不远处选择地形相对平坦的区域布置了 3 条测线。通过观察这三条测线的剖面异常图，发现在这三条测线的 6 号测点附近都出现了较好的 ρ_r 低阻异常带。经综合考虑，最终选择将井位定在 2 测线的 6 号测点。

图 5-16 为 2 号测线 ρ_r 剖面异常图，$MN=20$m，点距=5m，测线方向：北→南，井位定在 6 号测点。图 5-17 为井位处地质剖面示意图。

图 5-18 为井位处的 ρ_r 环形剖面异常图。根据 $\alpha=2.84$，并结合当地地质情况，理论估算单井涌水量约为 38m³/h，实际单井涌水量为 103m³/h。

图 5-19 为井位处的 ρ_r 长线测深法异常综合图。根据图 5-19，理论推断含水层及深度分别为 110~140m、180~200m 和 230~250m。实际钻探结果的含水层及深度分别为 116~140m、180~190m 和 230~255m。理论推断和实际钻探结果基本相符。

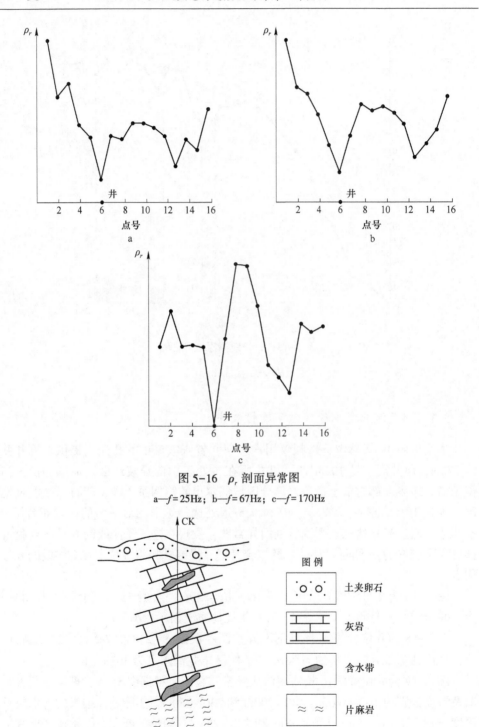

图 5-16　ρ_r 剖面异常图

a—$f=25\mathrm{Hz}$；b—$f=67\mathrm{Hz}$；c—$f=170\mathrm{Hz}$

图 5-17　地质剖面示意图

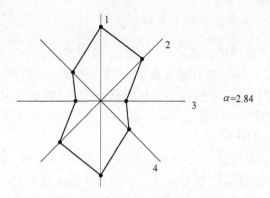

图 5-18 ρ_r 环形剖面异常图

($MN = 20\text{m}$; $f = 25\text{Hz}$)

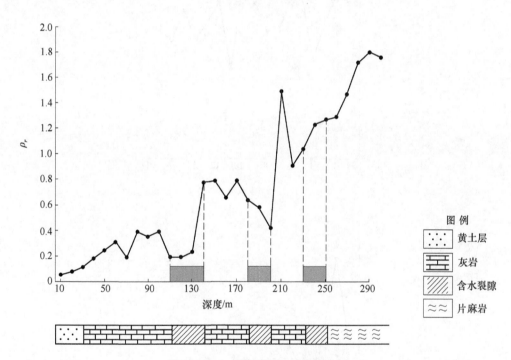

图 5-19 ρ_r 长线测深法异常综合图

($\frac{1}{2}MN = 5\text{m}$; $f = 25\text{Hz}$)

实际钻探结果：终孔深度 276m；0~78m 黄土夹卵石层，78~260m 为灰岩层；其中 116~140m、180~190m 和 230~255m 为破碎带含水层；单井涌水量 103m³/h，静水位深度 126m。

5.1.1.5　山东省邹城市西南市郊机井

本实例由 JK 天然电场选频仪用户、山东省邹城市济宁圣禹水利工程有限公司提供。机井井深 168m，单井涌水量 45m³/h。该实例为应用天然电场选频法在灰岩地区寻找岩溶型地下水的典型勘探实例。图 5-20 为 1 号测线 ρ_r 剖面异常图，$MN=20$m，点距=5m，测线方向：西→东，井位定在 4 号测点。图 5-21 为井位处地质剖面示意图。

图 5-22 为井位处的 ρ_r 环形剖面异常图。根据 $\alpha=4.79$，并结合当地地质情况，理论估算单井涌水量约为 40m³/h，实际单井涌水量为 45m³/h。

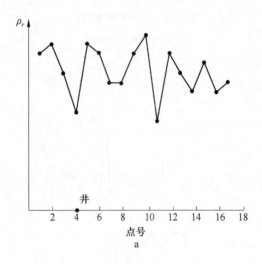

a

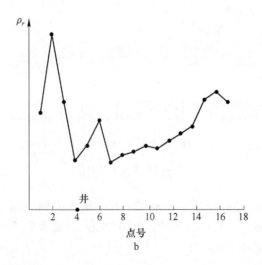

b

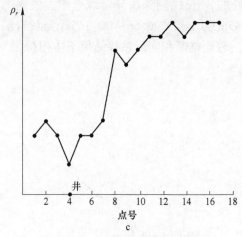

图 5-20 1 号测线 ρ_r 剖面异常图

a—$f=25$Hz；b—$f=67$Hz；c—$f=170$Hz

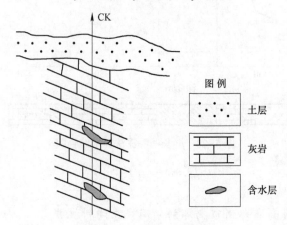

图 5-21 地质剖面示意图

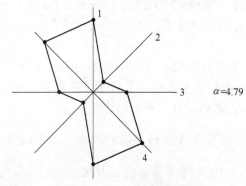

图 5-22 ρ_r 环形剖面异常图

（$MN=20$m；$f=25$Hz）

图 5-23 为井位处的 ρ_r 长线测深法异常综合图。根据图 5-23，设计井深为 165m，理论推断 0~45m 为土层夹砾石，45~165m 为灰岩层，其中 70~100m 和 145~155m 为含水层。理论推断和实际钻探结果基本相符。

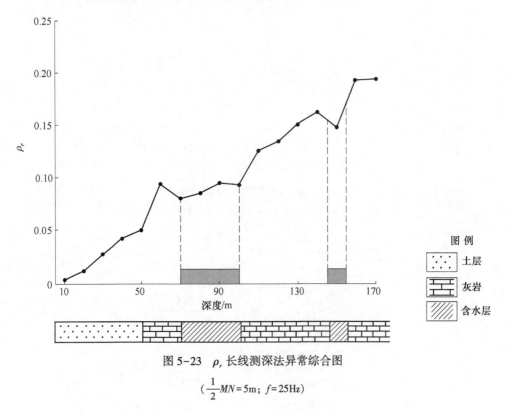

图 5-23　ρ_r 长线测深法异常综合图

$(\dfrac{1}{2}MN=5\text{m}; \ f=25\text{Hz})$

5.1.1.6　河南省郑州市南郊刘胡同乡东沟村机井

该机井由作者定于 1989 年 7 月 23 日，井深 157.62m，单井涌水量 40m³/h。图 5-24 为 7 号测线 ρ_r 剖面异常图，$MN=20$m，点距=10m，测线方向：南→北，井位定在 5 号测点。

钻探结果：终孔深度 157.62m；0~5m 亚沙土层，5~67.7m 黄红色黏土夹姜石层，67.7~157.62m 泥灰岩夹泥岩、页岩层，其中 86~88m 和 138~145m 为破碎带含水层；单井涌水量 40m³/h，静水位深度 55m。

5.1.1.7　河南省密县袁庄乡竹竿园村机井

该机井由作者定于 1986 年 8 月 4 日，井深 318m，单井涌水量 48m³/h。图 5-25 为 1 号测线的 ρ_r 剖面异常图，$MN=20$m，点距=10m，测线方向：北→南，井位定在 10 号测点。

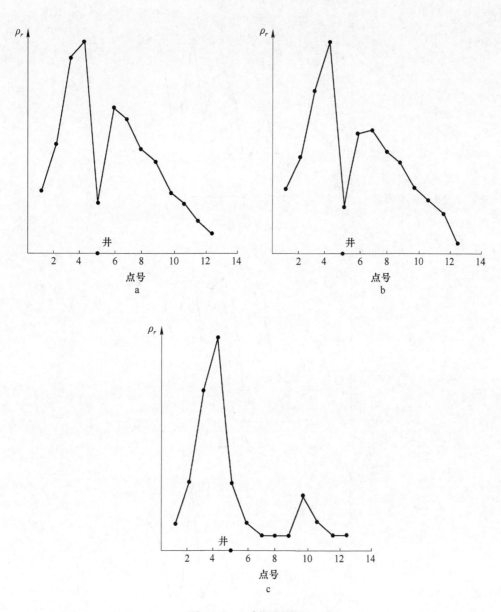

图 5-24 ρ_r 剖面异常图

a—f=25Hz；b—f=67Hz；c—f=170Hz

施工单位：河南省平顶山市冶金勘探公司钻井队。

钻探结果：终孔深度318m；0~20m黄土夹姜石层，20~318m寒武系中上统灰岩层；含水层及深度分别为 120~130m、150~155m、190~200m、260~280m 和 290~295m；单井涌水量48m³/h，静水位深度105m。

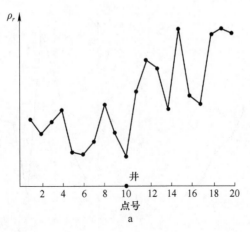

a

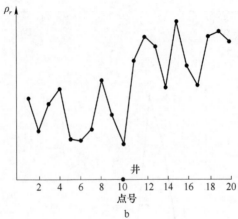

b

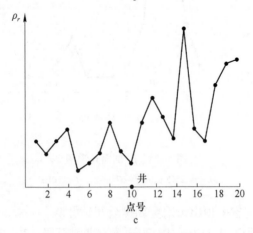

c

图 5-25　ρ_r 剖面异常图

a—$f = 25\text{Hz}$；b—$f = 67\text{Hz}$；c—$f = 170\text{Hz}$

5.1.1.8　河南省荥阳市崔庙乡老庄村机井

该机井由作者定于 1988 年 2 月 10 日，井深 305m，单井涌水量 46m³/h。该机井周围出露 O_2 灰岩，覆盖层为厚度约 10m 的第四系黄土夹泥沙层。图 5-26 为 1 号测线 ρ_r 剖面异常图，$MN = 20$m，点距 $= 10$m，测线方向：北→南，井位定在 6 号测点。

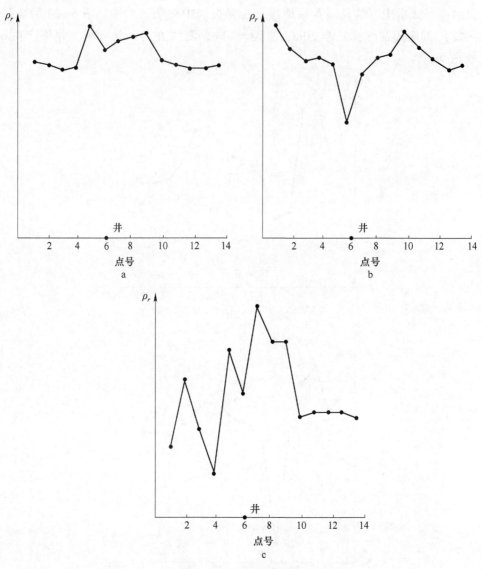

图 5-26　ρ_r 剖面异常图

a—$f = 25$Hz；b—$f = 67$Hz；c—$f = 170$Hz

钻探结果：终孔深度 305m；含水层及深度分别为 230~240m 和 260~280m；单井涌水量 46m³/h，静水位深度 163m。

5.1.1.9　河南省荥阳市贾峪乡大堰村机井

该机井由作者定于 1990 年 8 月 8 日，井深 398m，单井涌水量 62m³/h。该村位于河南省巩县–荥阳大背斜的轴部位，地势较高，周围覆盖层较薄，大面积出露寒武系中下统及震旦系地层，在泥页岩中夹杂灰岩层。图 5-27 为 4 号测线 ρ_r 剖面异常图，$MN = 20m$，点距 = 10m，测线方向：北→南，井位定在 6 号测点。

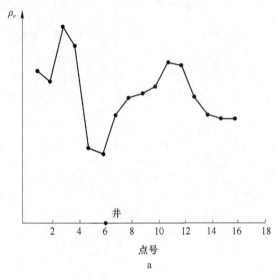

a

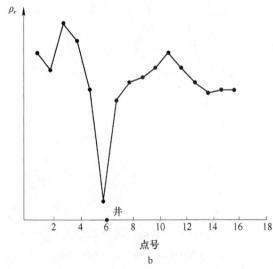

b

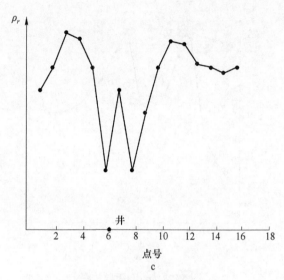

图 5-27 ρ_r 剖面异常图

a—f = 25Hz；b—f = 67Hz；c—f = 170Hz

施工单位：河南省煤炭勘探公司钻井队。

钻探结果：终孔深度 398m；0~5m 黄土层，5~130m 以页岩为主局部有灰岩，其中 368~398m 为主要含水层；单井涌水量 62m³/h。

5.1.1.10　河南省荥阳市贾峪乡石碑沟村机井

该机井由作者定于 1992 年 7 月 20 日，井深 295m，单井涌水量 48m³/h。图 5-28 为 3 号测线 ρ_r 剖面异常图，MN = 20m，点距 = 10m，测线方向：北→南，井位定在 7 号测点。

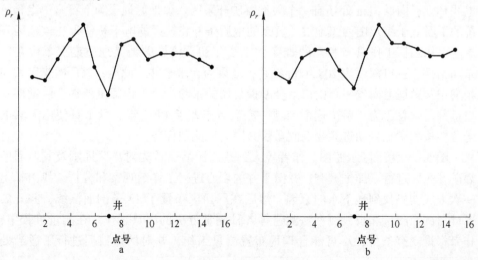

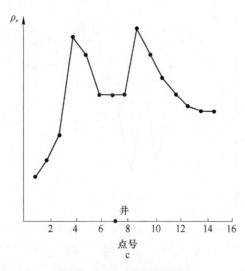

图 5-28 ρ_r 剖面异常图

a—f=25Hz；b—f=67Hz；c—f=170Hz

施工单位：郑州钻井队。

钻探结果：终孔深度 295m；0~10m 黄土和黏土层，10~295m 寒武系 ∈ 灰岩层；含水层及深度分别为 180~190m、230~240m 和 270~285m；单井涌水量 48m³/h。

5.1.2 基岩裂隙水勘探实例

5.1.2.1 河南省禹州市文殊长城超硬材料厂机井

该厂为禹州市的一家民营企业。厂区周围高压线、变压器、照明电线和通信电线林立，向西 3km 处还有一个大型煤矿开采区。该地区地层为上石盒子组和下统的下石盒子组及山西组地层。复杂的地质条件和较强的电干扰使得在该地区开展地下水勘探工作具有相当的难度。1992 年初，该厂曾请某地质勘探单位在厂东面钻探了一口深度为 208.44m 机井，结果为无水干井。此后，该厂的李厂长和翟书记又邀请河南省平顶山市冶金勘探公司的张春应总工程师重新在厂区钻探一口机井。张总工为了解决这个难题，特邀请作者于 1992 年 5 月 1 日使用天然电场选频法和微机自动选频物探测量仪共同完成此项任务。

图 5-29 为工区示意图。作者等人到达厂区后，首先对厂区周围及其西面的煤矿开采区进行了详细调查，并对干井的岩心进行了详细观察和分析，找出了上一次未成功寻找到地下水的原因。然后在厂西区布置了 13 条剖面测线，并开展了环形剖面测量和长线测深法测量等各种测量方法的测量工作。在测量过程中，作者根据现有条件，尽可能合理地布置测量工作，并对测量数据进行了适当处

理，以求将电干扰的影响程度降到最低。最终经综合分析，将井位定在9号测线的12号测点。钻探结果为井深218m，单井涌水量34m³/h。这也是天然电场选频法在电干扰十分严重和复杂的情况下成功寻找到地下水的典型实例。

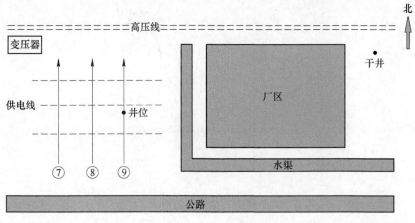

图5-29　工区示意图

图5-30为7~9号测线 $f=25Hz$ 的 ρ_r 剖面平面异常图，$MN=20m$，点距=10m，测线方向：南→北。从图5-30可以观察到，三条测线的12号测点附近构成了一条近东西向的 ρ_r 低阻异常带。作者在排除干扰因素造成的影响后，又根据该处的地质情况并结合天然电场选频法其他测量方法的测量结果进行综合分析，最终将井位定在9号测线的12号测点。

根据图5-30，推断出7~9号三条测线的12号测点附近构成的 ρ_r 低阻异常带为含水构造带。为查明此含水构造带的真实性，作者又对井位所在的9号测线进行了全测线重复观测，如图5-31所示。从图5-31可以看出，两次重复测量的 ρ_r 异常曲线形态基本一致，异常位置不变。这表明该 ρ_r 低阻含水构造带是客观真实存在的。

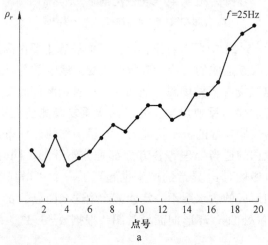

a

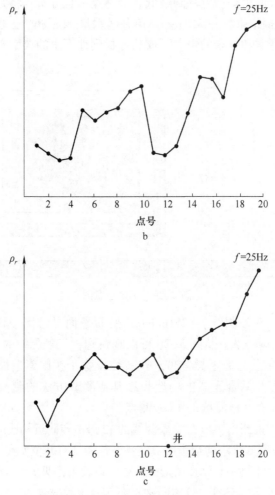

图 5-30　7~9 号测线 ρ_r 剖面平面异常图

a—7 号测线；b—8 号测线；c—9 号测线

从图 5-30 和图 5-31 中可以看出，该测区的场源主要由高压电线、照明供电线、变压器等人文因素造成的工业电流所形成的大地电磁场以及自然界中产生的大于 1Hz 的大地电磁场等多种场源叠加而成。尽管场源如此复杂，但地下含水层的异常依然能够有规律地反映出来，并且两次重复观测所获得的 ρ_r 异常形态特点高度吻合。这与仪器良好的抗干扰能力、测量工作的合理布置、测量技术的正确应用以及测量数据的适当处理等各方面都是分不开的。同时，50Hz 的工业电流所形成的大地电磁场对 ρ_r 异常的产生也起到了一个"增强"的作用，否则在这种类型的地层中形成的含水层不一定能够产生这么明显的 ρ_r 异常。

图 5-32 为井位处的 ρ_r 环形剖面异常图。根据 $\alpha=3.33$，并结合当地地质情

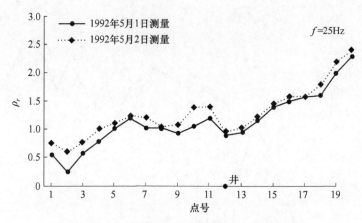

图5-31 9号测线全测线重复观测 ρ_r 剖面异常图

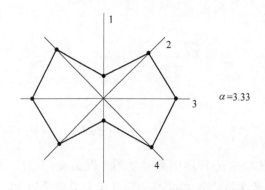

图5-32 ρ_r 环形剖面异常图

($MN=20m$; $f=25Hz$)

况，理论估算单井涌水量约为27m³/h，实际钻探结果单井涌水量为34m³/h。

图5-33为井位处的 ρ_r 长线测深法异常图。根据图5-33，设计井深218m，理论推断各含水层及深度分别为75~85m、120m和180~210m。实际钻探结果为终孔深度218m，含水层及深度分别为61~63m、120~128m和180~206m。理论推断和实际钻探结果基本相符。

图5-34为钻孔地质柱状图。钻探单位：河南省平顶山市冶金勘探公司钻井队。施工时间：1992年6月6日至1992年8月29日。

5.1.2.2 河北省邢台市隆晓县机井

本实例由JK天然电场选频仪用户、河北省邢台市的王先生提供。机井井深138m，单井涌水量30m³/h。该地区主要属于砂页岩地区。图5-35为6号测线 ρ_r 剖面异常图，$MN=20m$，点距=10m，测线方向：西→东，井位定在10号测点。

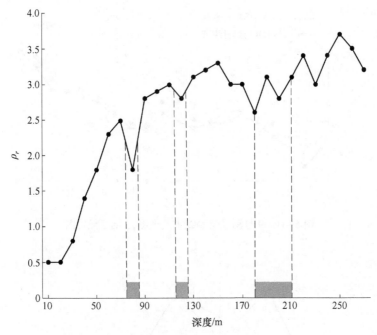

图 5-33　ρ_r 长线测深法异常图

$(\frac{1}{2}MN=5\mathrm{m};\ f=25\mathrm{Hz})$

图 5-36 为井位处的 ρ_r 环形剖面异常图。根据 $\alpha=3.18$，并结合当地地质情况，理论估算单井涌水量约为 25m³/h，实际单井涌水量为 30m³/h。

图 5-37 为井位处的 ρ_r 长线测深法异常图，图 5-38 为井位处的 ρ_r 频率测深法断面异常图。根据图 5-37、图 5-38，理论推断含水层深度为 90~130m。实际含水层深度也为 90~130m。

实际钻探结果：终孔深度 138m；0~80m 卵石、黄土黏土层，80~150m 砂页岩、泥岩、灰质岩、煤系地层，其中 90~130m 为含水层；单井涌水量 30m³/h。

5.1.2.3　河南省荥阳市乔楼乡综子岗村机井

该机井由作者定于 1991 年 10 月 2 日，井深 240m，单井涌水量 48m³/h。该村附近山上出露的岩层为上古生界二叠系石千峰组的一套厚至巨厚的灰白、灰黄及浅红色长石石英砂岩，其中夹杂砂质页岩和泥页岩。作者在该村应用天然电场选频法开展找水定井工作，在村周围布置了 10 余条测线，经过对天然电场选频法多种测量方法的测量结果进行综合比较，并结合当地地质情况进行全面分析，最终将井位定在 8 号测线的 10 号测点。图 5-39 为 8 号测线 ρ_r 剖面异常图，$MN=$ 20m，点距=10m，测线方向：南→北。

地质 年代	层位 代号	层低 深度/m	柱状图	岩 性 描 述
第 四 系	Q	0~27.38		黄土：浅黄、褐黄，含碎石 上部：浅黄-黄褐色，风化状碎石小块，呈菱角状，黄土内姜石块约占20% 下部：黄土颜色变深，褐黄-棕褐黄色内有少量鱼儿状锰铁结合，含水微弱
二 叠 系	P	27.38~ 69.03		泥岩：棕红-紫红色泥质结构，厚层状构造。矿物质为石英长石、云母及黏土矿物，含铁质高。其中33～40m、60.85～63m有两层细砂岩。岩芯有微破碎，有轻微漏水现象。其余岩芯较完整
		69.03~ 218.6		长石英砂岩、泥岩夹页岩，局部有黑色页岩夹煤线。长石石英砂岩紫红色夹灰白色。主要矿物为长石、石英云母。中-细粒结构，胶结物为泥质、铁质、硅质和钙质。局部有破碎现象。在80m处有漏水。120m处有溶蚀小孔。130m处岩芯较破碎。180～206m岩芯极为破碎，为破碎带。206～218m岩芯较完整。218m终孔

图 5-34 钻孔地质柱状图

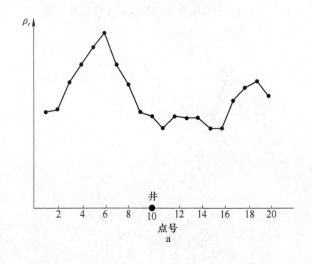

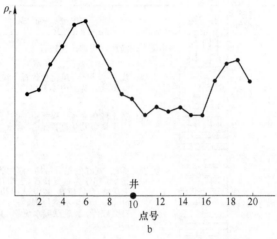

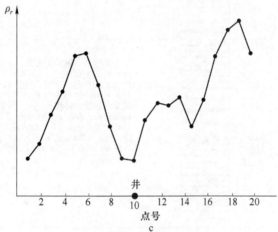

图 5-35 ρ_r 剖面异常图

a—f＝25Hz；b—f＝67Hz；c—f＝170Hz

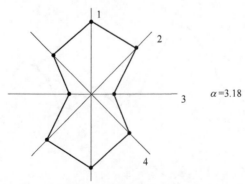

图 5-36 ρ_r 环形剖面异常图

（MN＝20m；f＝25Hz）

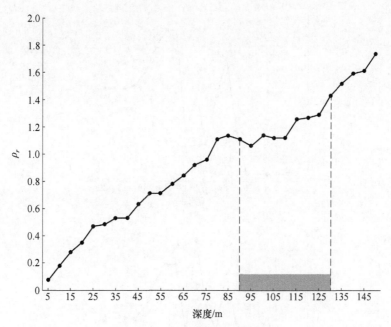

图 5-37 ρ_r 长线测深法异常图

$(\frac{1}{2}MN = 2.5\text{m}; f = 25\text{Hz})$

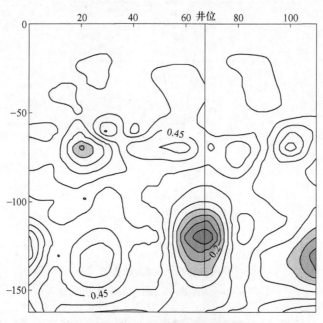

图 5-38 ρ_r 频率测深法断面异常图

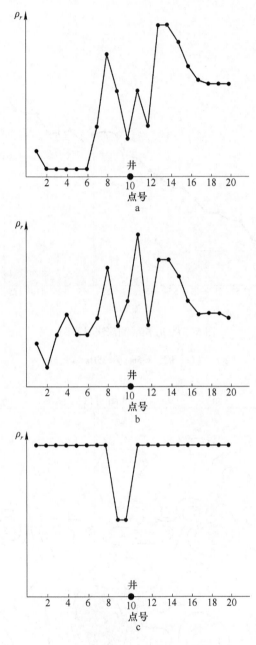

图 5-39　ρ_r 剖面异常图

a—$f=25\text{Hz}$；b—$f=67\text{Hz}$；c—$f=170\text{Hz}$

　　钻探结果：终孔深度 240m；0～26.16m 黄土层，26.16～37.71m 残积风化物，37.71～105m 紫红色砂岩有 7m 破碎，105～120.49m 紫红色砂岩含水段，

120. 49~151. 56m 红色砂岩破碎严重，151. 56~181m 紫红色砂岩，181~240m 青灰色砂岩有少量裂隙；单井涌水量 48m³/h。

5.1.2.4 河南省荥阳市乔楼乡张村庙村机井

该机井由作者定于 1988 年 8 月 10 日，井深 240m，单井涌水量 38m³/h。该村地表大面积被第四系覆盖，无法判断覆盖层下的地质情况。通过查阅 1：50000 地质图，确定该村及附近地区为上古生界二叠系的一套砂页岩地层。作者在村周围应用天然电场选频法开展找水定井工作，最终将井位定在 6 号测线的 6 号测点。图 5-40 为 6 号测线 ρ_r 剖面异常图，$MN = 20$m，点距 = 10m，测线方向：南→北。

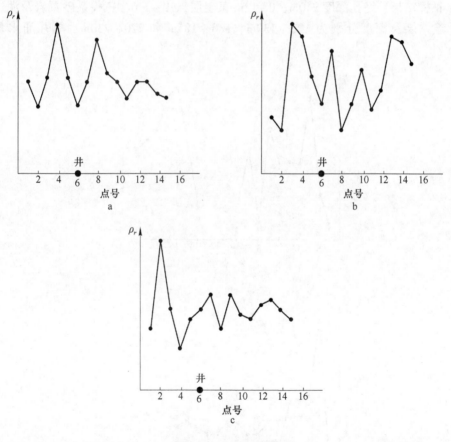

图 5-40 ρ_r 剖面异常图

a—f = 25Hz；b—f = 67Hz；c—f = 170Hz

钻探结果：终孔深度 240m；0~56m 黄土夹姜石层，56~140m 紫红色砂岩层，140~240m 青灰色砂岩黄砂岩层；含水层及深度分别为 90~95m、120~

130m、180~185m 和 225~230m；单井涌水量 38m³/h。

5.1.2.5　河南省荥阳市贾峪乡郭岗村机井

该机井由作者定于 1986 年 7 月 20 日，井深 240m，单井涌水量 32m³/h。该村地表大面积被第四系覆盖，无法判断覆盖层下的地质情况。通过查阅 1：50000 地质图，确定该村及附近地区为中生界三叠系地层，其中主要为中、下统二马营群的黄绿色粉砂岩、长石石英砂岩及紫红色砂质页岩互层。作者在村周围应用天然电场选频法开展找水定井工作，最终将井位定在 2 号测线的 8 号测点。图 5-41 为 2 号测线 ρ_r 剖面异常图，$MN=20$m，点距=10m，测线方向：北→南。

钻探结果：终孔深度 240m；0~12m 黄土层，12~240m 三叠系砂页岩及泥岩层；含水层及深度分别为 120~130m、180~185m 和 220~230m；单井涌水量 32m³/h。

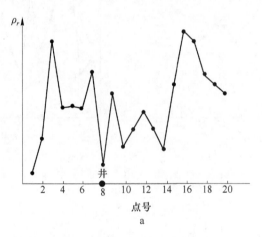

a

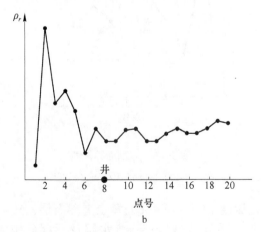

b

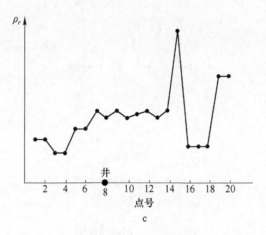

图 5-41 ρ_r 剖面异常图

a—$f=25Hz$; b—$f=67Hz$; c—$f=170Hz$

5.1.2.6 河南省荥阳市贾峪乡朱顶村机井

该机井由作者定于 1987 年 8 月 9 日，井深 265m，单井涌水量 32m³/h。该井东面 500m 处有一个正在开采的小型煤矿。作者经实地调查，确定该地层为二叠系下统的一套煤系地层，以砂页岩互层夹煤层为主。作者最终将井位定在 2 号测线的 5 号测点。图 5-42 为 2 号测线 ρ_r 剖面异常图，$MN=20m$，点距 $=10m$，测线方向：东→西。

钻探结果：终孔深度 265m；0~60m 黄土夹姜石层，60~110m 砾岩、泥岩、泥灰岩互层，110~265m 砂页岩、泥岩互层；180m 处有薄煤层；含水层及深度分别为 150~160m、190~200m 和 245~250m；单井涌水量 32m³/h。

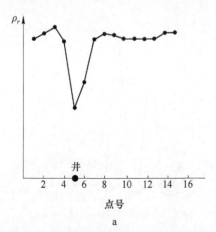

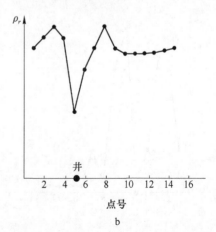

a

b

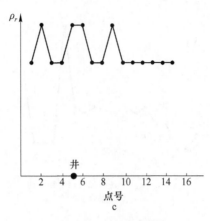

图 5-42　ρ_r 剖面异常图

a—f＝25Hz；b—f＝67Hz；c—f＝170Hz

5.1.2.7　河南省荥阳市贾峪乡古山陈庄村机井

该机井由作者定于 1985 年 7 月 10 日，井深 180m，单井涌水量 40m³/h。该村位于山的南坡，附近山上出露上古界二叠系上统石千峰组厚层紫红色、灰白色粗粒长石石英岩、砂岩及夹砂质泥页岩互层。作者应用天然电场选频法进行面积性测量后，最终将井位定在 6 号测线的 5 号测点。图 5-43 为 6 号测线 ρ_r 剖面异常图，MN＝20m，点距＝10m，测线方向：东→西。

钻探结果：终孔深度 180m；0～33m 黄土夹姜石层，33～45m 紫红色砂岩夹页岩破碎，45～60m 破碎较好，60～106m 紫红色砂岩有 0.9m 破碎，106～116m 砂岩页岩互层，116～180m 青灰色砂岩，120m 和 171m 处有含水破碎带；单井涌水量 40m³/h，静水位深度 44m。

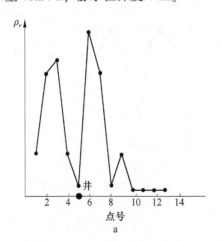

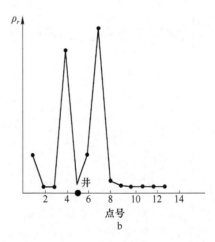

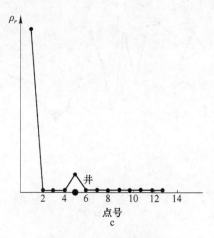

图 5-43 ρ_r 剖面异常图

a—f＝25Hz； b—f＝67Hz； c—f＝170Hz

5.1.2.8　河南省密县杨坎窝村机井

该机井由作者定于 1991 年 8 月 20 日，井深 265m，单井涌水量 16m³/h。该机井是应用天然电场选频法在花岗岩地区寻找地下水的典型实例。该村周围有黑云母花岗岩出露，局部地区还可以观察到存在小型破碎带。作者应用天然电场选频法在该地区开展找水定井工作，投入了 12 条测线的剖面测量以及其他测量方法的测量工作，最终将井位定在 8 号测线的 10 号测点。图 5-44 为 8 号测线 ρ_r 剖面异常图，$MN＝20\mathrm{m}$，点距＝10m。

图 5-45 为井位处的 ρ_r 环形剖面异常图。根据 $\alpha＝3.36$，并结合当地地质情况，理论估算单井涌水量约为 20m³/h，实际单井涌水量为 16m³/h。

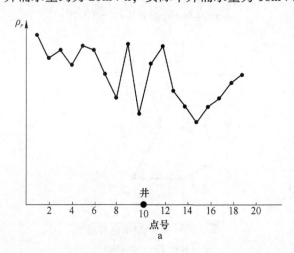

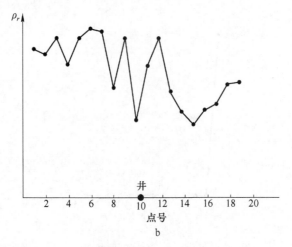

b

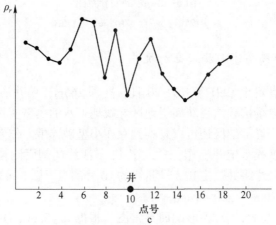

c

图 5-44 ρ_r 剖面异常图

a—f=25Hz；b—f=67Hz；c—f=170Hz

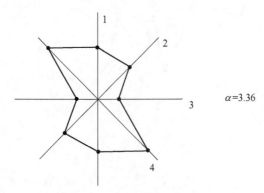

图 5-45 ρ_r 环形剖面异常图

（MN=20m；f=25Hz）

图 5-46 为井位处的 ρ_r 长线测深法异常图。根据图 5-46，设计井深为 295m，理论推断含水层及深度分别为 150~160m、190~210m 和 250~280m。实际钻探结果为终孔深度 265m，含水层及深度分别为 161~166m、197~203m 和 241~254m。理论推断和实际钻探结果基本相符。

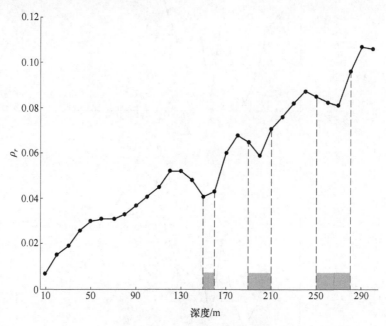

图 5-46　ρ_r 长线测深法异常图

$(\frac{1}{2}MN = 5m;\ f = 25Hz)$

5.1.2.9　河南省密县丁烟村机井

该机井由作者定于 1990 年 6 月 25 日，井深 285m，单井涌水量 20m³/h。该机井是应用天然电场选频法在花岗岩地区寻找地下水的典型实例。村周围出露肉红色二云母花岗岩。作者在该村应用天然电场选频法开展找水定井工作，投入了 16 条测线的剖面测量以及其他测量方法的测量工作，最终将井位定在 6 号测线的 8 号测点。图 5-47 为 6 号测线 ρ_r 剖面异常图，$MN = 20m$，点距=10m。

图 5-48 为井位处的 ρ_r 环形剖面异常图。根据 $\alpha = 3.71$，并结合当地地质情况，理论估算单井涌水量约为 25m³/h，实际单井涌水量为 20m³/h。

图 5-49 为井位处的 ρ_r 长线测深法异常图。根据图 5-49，设计井深为 280m，理论推断含水层及深度分别为 90m、150~190m 和 240~260m。实际钻探结果为终孔深度 285m，含水层及深度分别为 77~83m、164~172m、187~196m 和 251~263m。理论推断和实际钻探结果基本相符。

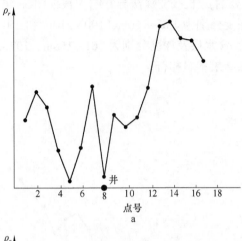

a

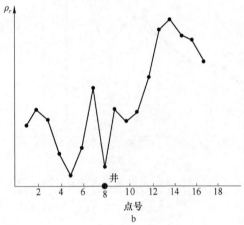

b

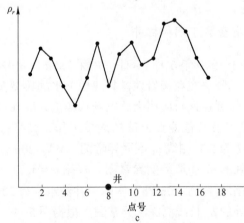

c

图 5-47 ρ_r 剖面异常图

a—$f=25\,\mathrm{Hz}$；b—$f=67\,\mathrm{Hz}$；c—$f=170\,\mathrm{Hz}$

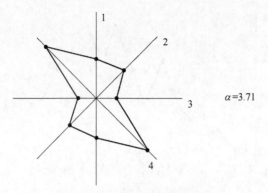

图 5-48 ρ_r 环形剖面异常图

（$MN = 20\text{m}$；$f = 25\text{Hz}$）

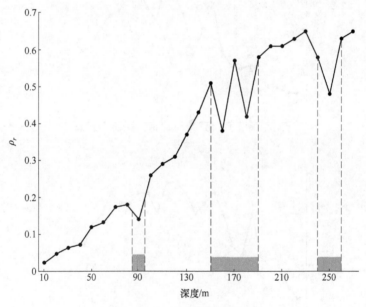

图 5-49 ρ_r 长线测深法异常图

（$\frac{1}{2}MN = 5\text{m}$；$f = 25\text{Hz}$）

5.1.2.10 河南省登封市东郊机井

该机井由作者定于 1993 年 5 月 20 日，井深 212m，单井涌水量 23m³/h。村周围被第四系黄土覆盖，较远的东南面和南面出露有下元古界嵩山群地层，岩性为紫红色杂质千枚岩、绢云石英片岩及石英岩等。作者在村周围应用天然电场选频法开展找水定井工作，最终将井位定在 6 号测线的 12 号测点。图 5-50 为 6 号测线 ρ_r 剖面异常图，$MN = 20\text{m}$，点距 $= 10\text{m}$。

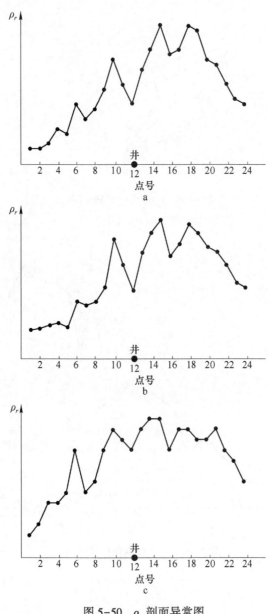

图 5-50　ρ_r 剖面异常图

a—f=25Hz；b—f=67Hz；c—f=170Hz

图 5-51 为井位处的 ρ_r 环形剖面异常图。根据 α = 3.32，并结合当地地质情况，理论估算单井涌水量约为 20m³/h，实际单井涌水量为 23m³/h。

图 5-52 为井位处的 ρ_r 长线测深法异常图。根据该图，设计井深为 210m，理论推断含水层及深度分别为 60~80m、130~150m 和 170~190m。实际钻探结果为终孔深度 212m，含水层及深度和理论推断基本相符。

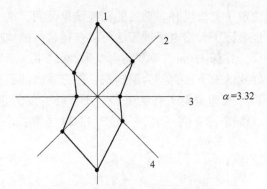

图 5-51 ρ_r 环形剖面异常图

($MN = 20$m；$f = 25$Hz)

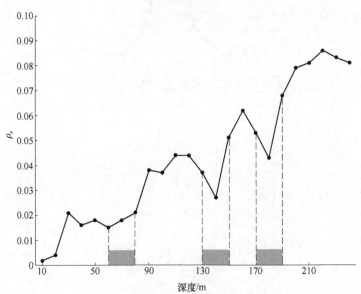

图 5-52 ρ_r 长线测深法异常图

($\frac{1}{2}MN = 5$m；$f = 25$Hz)

5.1.3 第四系、第三系砂卵石层水勘探实例

5.1.3.1 河南省武陟县三阳村机井

河南省武陟县三阳村属于缺水地区。应该县邀请，作者于 1984 年 5 月 15 日至 7 月 2 日带领当时郑州地质学校物探专业 315 和 316 两个班的学生，在该县三阳村开展物探找水实习工作。虽然当时实习的主要内容是应用电阻率法和激发极化法进行找水，天然电场选频法仅作为试验性的工作方法，但作者还是带领学生

应用天然电场选频法定了七口机井。随后的钻探结果证明，这七口机井均成功寻找到了地下水。这也验证了天然电场选频法可以获得良好的地质效果。本实例为这七口机井中的一口，井深 150m，单井涌水量为 50m³/h。

由于该地区所寻找的地下水类型为第四系、第三系砂卵石层水，因此需要寻找典型的"A"字形 ρ_r 高阻异常处作为井位。图 5-53 为 ρ_r 剖面异常图，$MN=20m$，点距=10m，测线方向：南→北，井位定在 24 号测点。图 5-54 为井位处地质剖面示意图。

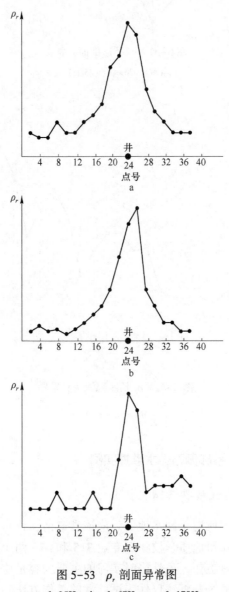

图 5-53　ρ_r 剖面异常图

a—$f=25Hz$；　b—$f=67Hz$；　c—$f=170Hz$

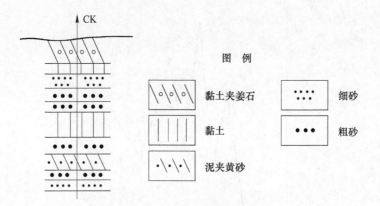

图 5-54　地质剖面示意图

钻探结果：终孔深度 150m；0~20m 黏土夹姜石层，20~150m 黏土层、中砂夹卵石层；单井涌水量 50m³/h，静水位深度 30m。

5.1.3.2　河南省禹州市古城乡石龙王村机井

该机井由作者定于 1988 年 7 月 10 日，井深 150m，单井涌水量 25m³/h。图 5-55 为 4 号测线 ρ_r 剖面异常图，$MN=20m$，点距$=10m$，井位定在 6 号测点。图 5-56 为井位处地质剖面示意图。

钻探结果：终孔深度 150m；0~15m 黄土层，15~150m 黏土细砂夹层；单井涌水量 25m³/h。

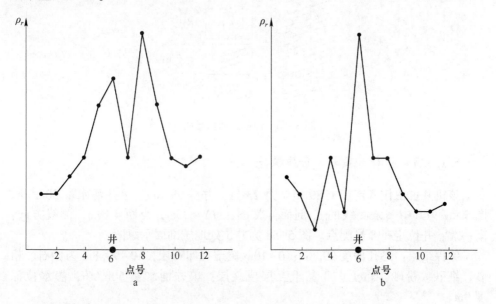

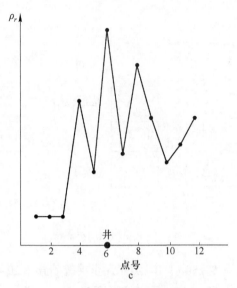

图 5-55 ρ_r 剖面异常图

a—f = 25Hz；b—f = 67Hz；c—f = 170Hz

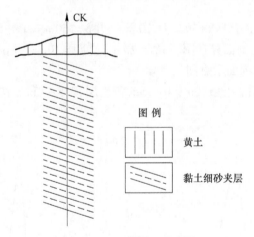

图 5-56 地质剖面示意图

5.1.3.3 河南省某军工仓库机井

该机井位由作者定于 1989 年 7 月 23 日，井深 99.8m，单井涌水量 50m³/h。图 5-57 为其中一条测线的 ρ_r 剖面异常图，MN = 20m，点距 = 10m，测线方向：南→北，井位定在 8 号测点。图 5-58 为井位处地质剖面示意图。

钻探结果：终孔深度 99.8m；0~10m 黄土夹卵石层，10~99.8m 为卵石、粗砂、细砂、粉砂、黏土、亚黏土互层或夹层；单井涌水量 50m³/h，静水位深度 9m。

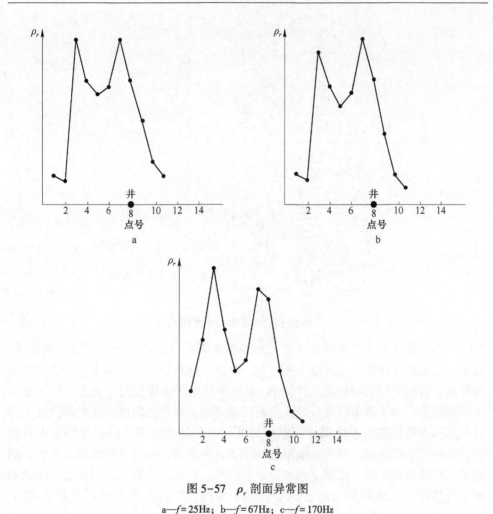

图 5-57 ρ_r 剖面异常图

a—f=25Hz; b—f=67Hz; c—f=170Hz

5.1.3.4 尼日尔 K99 号机井

在沙漠戈壁地区应用天然电场选频法开展地下水勘探的工作中，由于天然场源信号较弱，且接地条件较差，因而所获得的 ρ_r 异常图往往不能够明显地反映出地质体产生的异常。这使得对测量资料的异常解释和异常推断具有一定的难度。尽管存在这些问题，但作者根据长期积累的野外工作经验认为，在这种情况下，只要采取各种有效措施，扎实细致地开展野外测量工作，仔细研究和分析所获得的测量结果，依然能够发现其中的规律，并遵循这些规律成功寻找到地下水源。

2014 年 5 月至 8 月，中国石油大港尼日尔工程有限责任公司承接了非洲国家尼日尔的某筑路项目，需要在沿途寻找多处地下水源以解决该项目施工过程中的

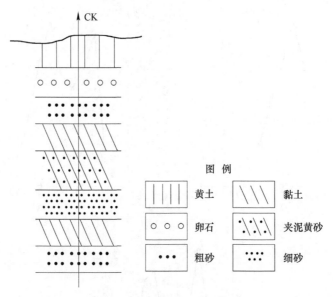

图 5-58　地质剖面示意图

用水问题。由于整个工程项目的施工地段基本都处于沙漠、半沙漠或戈壁地区，因而在该地区寻找地下水的难度相当大。为此，该单位选用了由作者所在的北京杰科创业科技有限公司研发生产的 JK-E 型天然电场选频仪用以完成该勘探地下水源的任务。由于该单位自身地质力量较为薄弱，因此在每次完成野外测量工作后，工作人员都将测量结果通过电子邮件发送回国内，再由作者帮助其进行分析。最终，在作者的帮助下，该单位克服了各种困难，成功寻找到地下水源，满足了工程的用水需要，取得了满意的地质效果。根据该单位的反馈信息，作者对测量资料的理论推断和实际钻探结果基本相符。接下来作者将列举其中 K99、K31、K16 这三口机井的勘探实例，供读者参考。

　　图 5-59 是该单位随测量资料一同发送过来的野外工作环境的照片。从中可以看出，测区基本处于沙漠和半沙漠地区，勘探环境和勘探条件较差。

　　为慎重起见并确保对方能够获得满意的地质效果，作者每次都把对方通过电子邮件发送过来的测量数据和图件全部打印出来，进行详细的对比分析，然后详细标注出对异常的解释、推断及建议，最后再将上述资料扫描成电子图片发送给对方。图 5-60 为当时作者帮助对方进行资料解释的部分手稿。

　　图 5-61 为 K99 号井的 1、2、3 号测线的 $f = 25\text{Hz}$ 的 ρ_r 剖面平面异常图，$MN = 20\text{m}$，点距 $= 5\text{m}$，测线方向：北→南。由于在该地区寻找的是第四系、第三系砂卵石层水，因此需要在 ρ_r 异常曲线中选择 "A" 字形 ρ_r 高阻异常处作为井位。经综合考虑，作者最终选择将井位定在 2 号测线的 17 号测点。该机井井深 83m，单井涌水量为 38m³/h。

图 5-59 野外工作环境

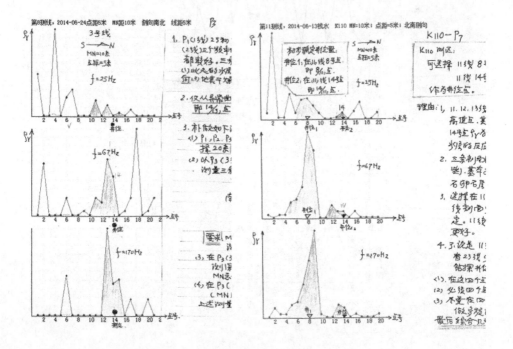

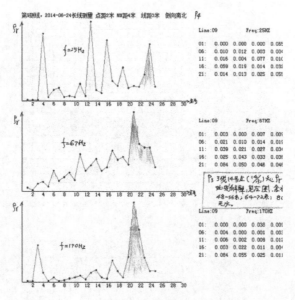

图 5-60　作者帮助对方进行资料解释的部分手稿

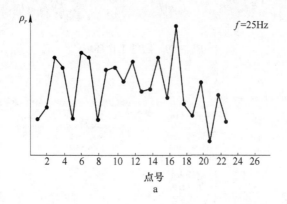

a

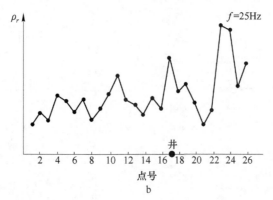

b

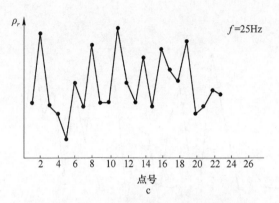

图 5-61　1、2、3 号测线 ρ_r 剖面平面异常图

a—3 号测线；b—2 号测线；c—1 号测线

图 5-62 为井位处的 ρ_r 环形剖面异常图。根据 $\alpha = 3.50$，并结合当地地质情况，理论估算单井涌水量约为 40m³/h，实际单井涌水量为 38m³/h。

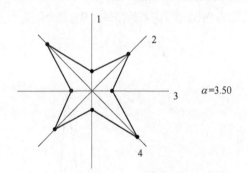

图 5-62　ρ_r 环形剖面异常图

（$MN = 20\text{m}$；$f = 25\text{Hz}$）

图 5-63 为井位处的 ρ_r 长线测深法异常综合图。根据图 5-63，设计井深为 85m，理论推断 0~12m 为黏土层，12~36m 为干砂层，36~52m 为含水砂卵石层，52~56m 为黏土层，56~80m 为含水砂卵石层，80~100m 为硅藻土层，100~112m 为基岩裂隙水层。实际钻探结果和理论推断基本相符。

5.1.3.5　尼日尔 K131 号机井

该机井井深 85m，单井涌水量 32m³/h。图 5-64 为 K131 号井的 1、2、3 号测线的 $f = 25\text{Hz}$ 的 ρ_r 剖面平面异常图，$MN = 20\text{m}$，点距 = 5m，测线方向：北→南。作者最终将井位定在 2 号测线的 15 号测点。

图 5-65 为井位处的 ρ_r 环形剖面异常图。根据 $\alpha = 2.50$，并结合当地地质情况，理论估算单井涌水量约为 30m³/h，实际单井涌水量为 32m³/h。

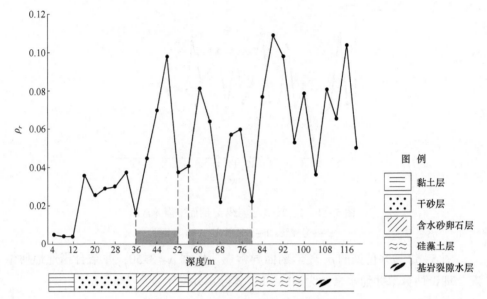

图 例

	黏土层
	干砂层
	含水砂卵石层
	硅藻土层
	基岩裂隙水层

图 5-63 ρ_r 长线测深法异常综合图

$(\frac{1}{2}MN = 2\mathrm{m};\ f = 25\mathrm{Hz})$

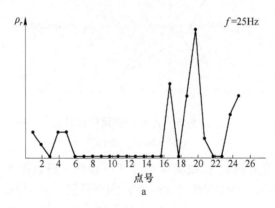

a

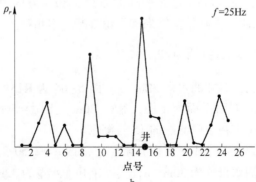

b

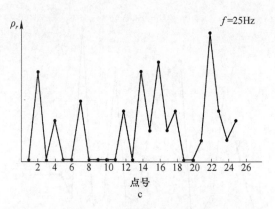

图 5-64　1、2、3 号测线 ρ_r 剖面平面异常图

a—3 号测线；b—2 号测线；c—1 号测线

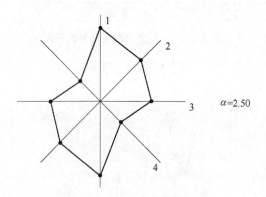

图 5-65　ρ_r 环形剖面异常图

（$MN=20\text{m}$；$f=25\text{Hz}$）

图 5-66 为井位处的 ρ_r 长线测深法异常综合图。根据图 5-66，设计井深为 85m，理论推断 0~24m 为黏土夹干砂层，24~48m 为含水砂卵石层，48~56m 为黏土层，56~72m 为含水砂卵石层，72~80m 为黏土层，80~100m 为硅藻土层。实际钻探结果和理论推断基本相符。

5.1.3.6　尼日尔 K16 号机井

该机井井深 80m，单井涌水量 32m³/h。图 5-67 为 11、12、13 号测线的 $f=25\text{Hz}$ 的 ρ_r 剖面平面异常图，$MN=20\text{m}$，点距=5m，测线方向：北→南。作者最终将井位定在 11 号测线的 8 号测点。

图 5-68 为井位处的 ρ_r 环形剖面异常图。根据 $\alpha=3.00$，并结合当地地质情况，理论估算单井涌水量约为 35m³/h，实际单井涌水量为 32m³/h。

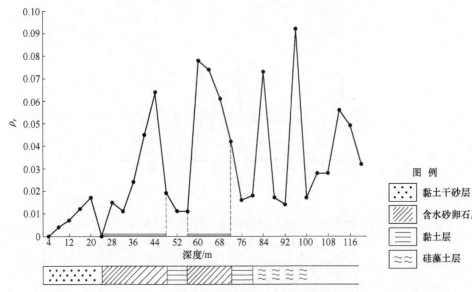

图 5-66　ρ_r 长线测深法异常综合图

$$\left(\frac{1}{2}MN=2\mathrm{m}；f=25\mathrm{Hz}\right)$$

图　例

黏土干砂层
含水砂卵石层
黏土层
硅藻土层

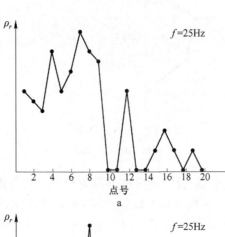

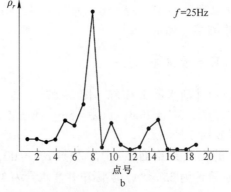

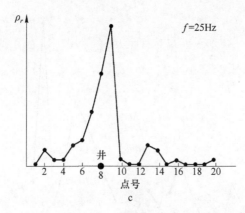

图 5-67　11、12、13 号测线 ρ_r 剖面平面异常图

a—13 号测线；b—12 号测线；c—11 号测线

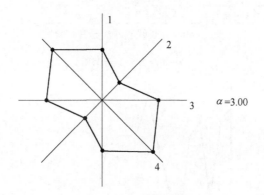

图 5-68　ρ_r 环形剖面异常图

（$MN=20$m；$f=25$Hz）

图 5-69 为井位处的 ρ_r 长线测深法异常综合图。根据图 5-69，设计井深为 120m，理论推断 0~15m 为黏土夹干砂层，15~50m 为含水砂卵石层，50~60m 为泥质层，60~80m 为含水砂卵石层，80~120m 为硅藻土层。实际钻探结果和理论推断基本相符。

5.1.3.7　河南省巩义市孝义镇南里沟机井

该机井由作者定于 1990 年 7 月 2 日，井深 280m，单井涌水量 60m³/h。该地区分为北里沟和南里沟，北里沟地下水丰富，而南里沟一直被认为是缺水地区。该机井为第一口在南里沟勘探成功的有水井。图 5-70 为 2 号测线 ρ_r 剖面异常图，$MN=20$m，点距 =10m，测线方向：东→西，井位定在 8 号测点。

钻探结果：终孔深度 280m；0~10m 黄土层，10~180m 第三系砂卵石层；含水层及深度分别为 85~90m、120~135m 和 165~176m；单井涌水量 60m³/h。

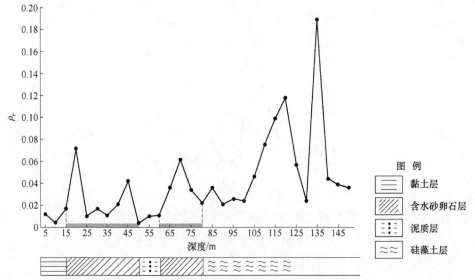

图 5-69 ρ_r 长线测深法异常综合图

$(\frac{1}{2}MN=2.5\mathrm{m}；\ f=25\mathrm{Hz})$

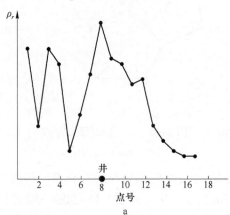

a

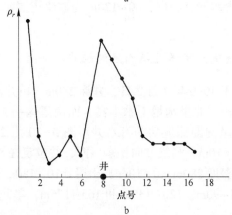

b

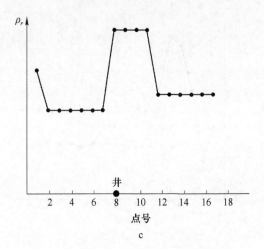

图 5-70 ρ_r 剖面异常图

a—f=25Hz；b—f=67Hz；c—f=170Hz

5.1.3.8 河南省荥阳市贾峪乡王沟村机井

该机井由作者定于 1989 年 7 月 6 日，井深 210m，单井涌水量 60m³/h。图 5-71 为 4 号测线 ρ_r 剖面异常图，MN=20m，点距=10m，测线方向：西北→东南，井位定在 5 号测点。

钻探结果：终孔深度 210m；0～25m 黄土夹砂层，25～131m 砂卵石夹层，131～210m 紫红色砂岩层；含水层及深度分别为 45.4～54.7m、74.4～81.8m、161～163.2m 和 181.8～187.6m；单井涌水量 60m³/h。

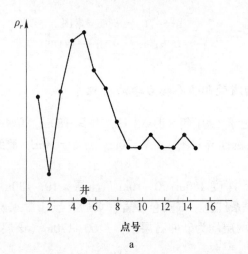

a

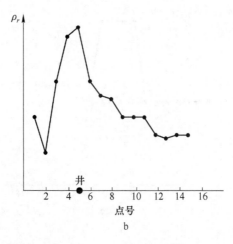

b

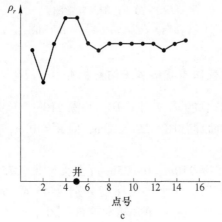

c

图 5-71 ρ_r 剖面异常图

a—f=25Hz；b—f=67Hz；c—f=170Hz

5.1.3.9 河南省荥阳市乔楼乡李沟村机井

该机井由作者定于 1991 年 8 月 10 日，井深 180m，单井涌水量 50m³/h。图 5-72 为 7 号测线 ρ_r 剖面异常图，MN=20m，点距=10m，测线方向：东→西，井位定在 9 号测点。

钻探结果：终孔深度 180m；0~10m 黄土层，10~130m 第三系砂卵石泥质层，130~180m 三叠系红色、淡黄色砂岩、页岩互层；含水层及深度分别为 60~80m、100~110m（两层均为砂卵石层水）、160~170m（该层为基岩裂隙水）；单井涌水量 50m³/h。

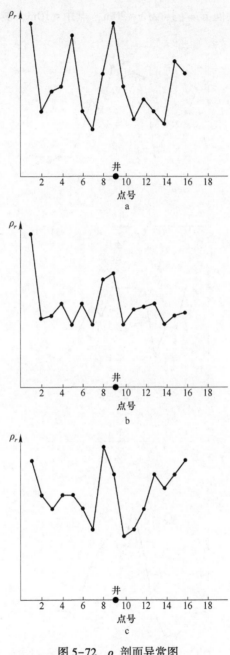

图 5-72 ρ_r 剖面异常图

a—f=25Hz；b—f=67Hz；c—f=170Hz

5.1.3.10 郑州市东郊供电局仓库机井

该机井位由作者定于 1987 年 8 月 4 日，井深 250m，单井涌水量 50m³/h。图

5-73 为 4 号测线 ρ_r 剖面异常图，$MN=20\text{m}$，点距 $=10\text{m}$，测线方向：东→西，井位定在 8 号测点。

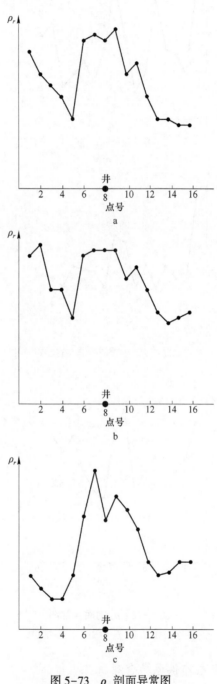

图 5-73 ρ_r 剖面异常图

a—$f=25\text{Hz}$；b—$f=67\text{Hz}$；c—$f=170\text{Hz}$

钻探结果：终孔深度 250m；0～10m 黄土层，10～250m 黏土、砂、卵石互层；单井涌水量 50m³/h，静水位深度 15m。

5.2　天然电场选频法在矿产勘探工作中的应用

随着我国经济的飞速发展，对各种矿产资源的需求也与日俱增。为了解决矿产资源短缺的问题，广大地质工作者不断开展新的矿产资源勘探普查工作，其主要任务是勘探盲矿、深矿以及扩大现有矿区的勘探范围。目前，已经采用了地质方法和多种物探方法来解决这些矿产勘探课题。

大量实践证明，天然电场选频法作为一种新的物探方法，在勘探各种类型的矿床（特别是矽卡岩类型和石英脉类型矿床）方面地质效果显著。本节中，作者将列举几个应用天然电场选频法勘探矿产资源的实例，让读者了解该方法用于矿产勘探的特点及其勘探技术模式，包括勘探工作的开展、测量工作的布置以及异常的解释推断等内容。

总体来说，天然电场选频法在应用于地下水勘探和矿产勘探中，其方法原理和勘探技术模式都是基本相同的。但是矿产勘探要比地下水勘探所面临的问题更多，难度更大。这主要体现在不同类型的矿床，甚至是同种类型的矿床，由于矿床的成因不同，且受到围岩情况、矿体成分、电性变化、地质作用、所处地质构造以及干扰情况等多种因素的影响，在矿产勘探工作过程中所产生的 ρ_s 异常较为复杂和多样。这导致我们对异常的分析和解释推断工作变得相对困难。

在勘探工作中，为提高天然电场选频法的探矿成功率，我们除了需要掌握测区的地质、水文地质、成矿条件、物性资料和干扰因素等各种情况外，还应当注意被勘探矿体的地质成因类型，并从地质资料中分析出测区中最有利的成矿地段和靶区位置。这将有利于我们布置和开展野外测量工作，以及分析推断地质体产生的异常。

在勘探工作中，我们应当根据天然电场选频法的方法特点，充分发挥其勘探技术模式的优势。例如，可以选用多台天然电场选频仪，在短时间内完成一个测区的大面积普查测量任务，从而对整个测区的异常分布有一个整体的了解，为后续开展详细勘探工作提供基础。这种工作方法的优点有：

（1）充分发挥天然电场选频法轻便、快速、用人少和仪器自动化程度高的优势和特点，开展快速普查发现异常。

（2）在较短时间内就可以获得该测区的普查异常资料，为进一步详细研究和开展勘探工作提供基础资料。

在勘探工作中，还需要注意测区的个性化问题，应当根据当前测区的具体情况，合理布置测量工作和进行异常解释。

5.2.1 非洲坦桑尼亚铜矿勘探实例

5.2.1.1 矿区简介

该矿区距坦桑尼亚多多马市约 350km，海拔高度约 1200m，属于丘陵地区。矿区曾进行过民采，0~5m 左右为土层，5~20m 左右存在氧化铜矿，20m 以下存在原生黄铜矿。

中国某矿业公司为开发此矿区，曾派地质工作人员对矿区进行了地质调查。地质调查结果认为该矿区的矿体为中温热液填充型矿床，受构造断裂及破碎带控制，矿体走向为 287°，倾向 17°，倾角 60°，矿体沿走向其倾向有变化。根据现场已有的开采情况，推测矿体走向长度延伸约 500m，矿体深度约 120m。通过对揭露矿体的矿石进行分析，得知矿物的主要成分为孔雀石、铜蓝、黄铜矿、辉铜矿以及黑铜矿等，脉石主要以石英、方解石和重晶石为主，矿体赋存在云母角闪片岩中的构造带中，矿体上下盘的围岩为云母角闪片岩。

为查明该矿体的走向、长度、宽度以及深部等分布情况，并判断矿区附近是否还有矿体存在，该矿业公司选用北京杰科创业科技有限公司研发生产的 JK-E 型选频仪，在矿区开展了天然电场选频法勘探测量工作。本实例展示的是在该矿区进行前期试验测量的部分工作资料。

5.2.1.2 剖面测量结果

该矿体为铜矿，属于低阻良导体，其产生的 ρ_r 异常特征为 ρ_r 低阻异常。图 5-74 为根据其中一个靶区所布置的 3 条试验剖面测线的测量结果而绘制出的 ρ_r 剖面平面异常图。

从图 5-74 可以观察到，0 号测线的 18 号测点为矿体出露点，在此处进行测量获得的异常特征是 ρ_r 低阻异常。该 ρ_r 低阻异常反映出铜矿体的存在，也反映出异常与铜矿体位置之间存在的对应关系。通过对该处 ρ_r 异常的对称性分析，可以判断出该矿体的倾角较陡，在 60°~70°之间。理论推断与实际地质调查结果基本相符。

通过对这三条测线 ρ_r 异常的对比分析，可以发现 0 号测线的 18 号测点、1 号测线的 20 号测点以及 2 号测线的 20 号测点构成了一个有规律变化的 ρ_r 低阻异常带。通过分析认为该异常带是由矿体所引起的，延伸长度约 100m，这与地质测量的矿体走向相符。根据 ρ_r 的异常特点，再结合地质测量结果，推断出此铜矿将继续往东南方向延伸的可能性较大。该矿业公司根据该测量结果继续布置了其他的测量工作，一方面将此异常带追索完毕，另一方面按照同样的勘探技术模式在其他靶区开展了详细的测量工作，最终完成了对整个矿区的普查任务，获得了满意的地质效果。

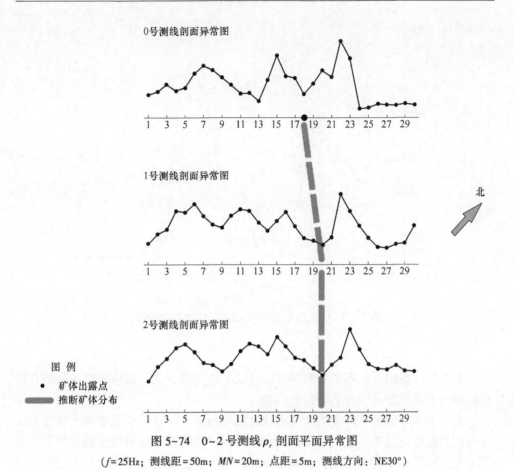

图5-74　0~2号测线ρ_r剖面平面异常图

($f=25$Hz；测线距$=50$m；$MN=20$m；点距$=5$m；测线方向：NE30°)

5.2.1.3　矿体的埋深分析

为进一步分析矿体的层数及每层的埋深，在0号测线的18号测点开展了长线测深法测量工作。图5-75为该测点的ρ_r长线测深法异常图。由图5-75可以推断此处有两层矿体，深度分别为35~45m和100~120m。其中浅层矿已经被露天开采，而100~120m的矿层和地质推断的120m深度基本吻合。之后在该测点进行了钻探验证，在108~118.5m处发现了第二层矿。

5.2.2　吉林某金矿区勘探实例

5.2.2.1　中温热液脉型金矿简介

中温热液脉型金矿在中国各地区的分布比较广泛，其中较为典型的如山东招掖（招远）；吉林的夹皮沟、桦甸；陕西省东部与河南省西部的小秦岭；河北省东部和西北部等地区均有该类型矿床分布。

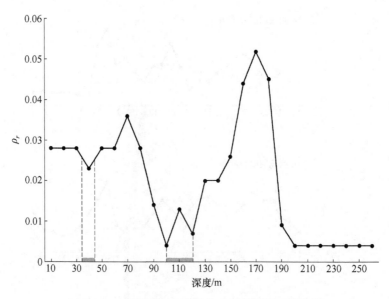

图 5-75　0 号测线 18 号测点 ρ_r 长线测深法异常图

$$\left(\frac{1}{2}MN=5\mathrm{m};\ f=25\mathrm{Hz}\right)$$

　　根据矿体特征、矿石矿物组特征以及成矿作用的方式，国内的热液脉型金矿可以分为石英脉型和蚀变岩型两种类型。

　　石英脉型矿床的矿体多为简单的含金硫化石英脉，这类矿床的典型代表是山东省的招远玲珑金矿。蚀变岩型矿床主要分布在花岗岩和变质岩接触带附近的花岗岩中，这类矿床的典型代表是山东省的焦家金矿。

　　这两类含金石英脉矿床在河南省灵宝市、卢氏县一带（属于小秦岭地区）均有分布。其分布规律的基本特点是，矿床一般存在于太古代地层和侵入该地层中的富钠花岗岩中。这是勘探脉状金矿床的区域性标志。因此，在太古代地层中，由中基性火山岩形成的层位往往是形成金矿床最有利的位置。燕山晚期富钠花岗岩侵入体若干公里的范围之内，也属于这种具有工业开采价值的金矿存在可能性较大的地段。

　　在寻找热液脉型金矿床时，应注意构造因素对矿床产生的影响。脉状金矿床存在于压扭性断裂带中，矿脉群主要分布在背斜轴部附近。以上部位是重要的成矿地段。特别需要注意背斜的隆起或倾状区域，因为这种背斜轴走向的变化区域往往是矿和富矿集中的区域。

　　在寻找热液脉型金矿床时，还应当注意矿体所存在的岩层：

　　（1）对于蚀变型金矿，由于其赋存于压扭性断层的糜棱岩带中。因此寻找和发现糜棱岩带构造是寻找这类金矿床的前提。

（2）对于寻找含金石英脉矿床，其勘探任务就是寻找石英脉。特别是含有黄铁矿的石英脉是寻找石英脉金矿的直接标志。含金石英脉周围普遍发育有黄铁绢英岩化、黄铁绢云碳酸盐化等蚀变，其中黄铁绢英岩化蚀变与金矿最为密切，可以作为寻找金矿的直接标志物。

（3）其他方面，如根据石英脉中烟灰色石英、透明石英晶体和金矿体的共生和伴生关系；辉绿岩脉、伟晶岩脉等其他岩脉和石英脉的关系；以及含黄铁矿石英脉中的金、铜、银元素的含量多少等情况，可以判断出矿体的存在以及矿体的贫富。

本实例取自于吉林省某石英脉金矿区。该地区出露的地层主要为太古界的变质岩地层，包括花岗片麻岩、斜长角闪岩、片麻岩等。地表为第四系，分布在山谷、山脚及低洼地，以冲洪积、残坡积物为主。

5.2.2.2 矿区及勘探成果简介

区内构造不发育，未见大型断层，仅有小型断层及褶皱。石英脉沿西北方向成群出现，断续分布约650m，脉宽一般为1~2m，最宽大约4m。本实例展示的是在该石英脉覆盖区中进行的部分试验性剖面测量以及初步勘探验证的工作结果。

图5-76为测区工作布置示意图。图5-77为7号测线 ρ_r 剖面异常综合图，其中18号测点已经进行了钻探验证并发现了金矿，可以观察到该测点的异常特征为 ρ_r 高阻异常。图5-78为7号、12号和17号测线 $f=25Hz$ 的 ρ_r 剖面平面异常图。从图5-78可以观察到，7号测线的18号测点、12号测线的35号测点以及17号测线的36号测点构成一条近似北西方向长约120m的 ρ_r 高阻异常带。根据该区域地表出露的石英脉的分布走向，可以推断出该 ρ_r 高阻异常带为石英脉金矿带。

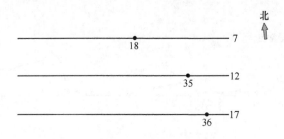

图5-76 测区工作布置示意图

（测线距=60m）

图5-79为7号测线的18号测点的 ρ_r 长线测深法异常综合图。从图5-79可以推断出，有三层石英脉矿体，深度分别约为80~104m、116~136m和152~160m。理论推断与该测点的钻探结果基本吻合。三层石英脉金矿的采样化验结果显示含金量分别为2.1g/t、3.2g/t、4.6g/t。

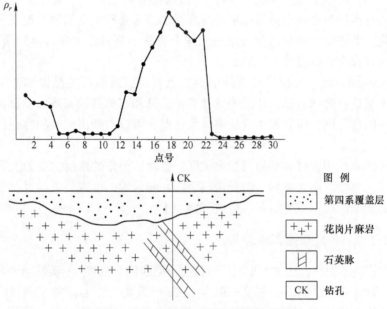

图 5-77 7 号测线 ρ_r 剖面异常综合图

(f=25Hz；MN=20m；点距=5m)

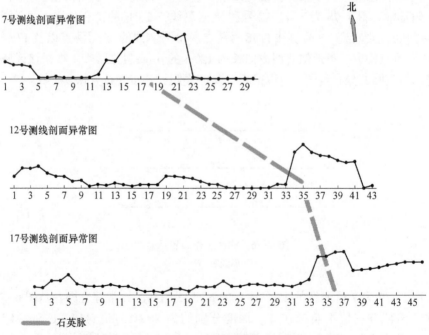

图 5-78 7 号、12 号、17 号测线 ρ_r 剖面平面异常图

(f=25Hz；测线距=60m；MN=20m；点距=5m；测线方向：北西→东南)

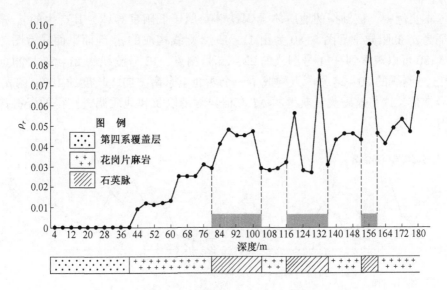

图 5-79 7 号测线 18 号测点 ρ_r 长线测深法异常综合图

$$\left(\frac{1}{2}MN = 2\text{m}; \ f = 25\text{Hz}\right)$$

5.2.3 某铜铁矿勘探实例

本实例所在勘探区域的西北方向约 3km 处有一个正在开采的大型铜铁矿区。此次勘探工作的目的是查明这个大型铜铁矿区外围是否还存在其他未知的新矿区。选择本实例所在勘探区域作为其中的一个勘探靶区，主要是出于以下几方面的考虑：

（1）地质调查表明，本勘探区域和已开采的大型铜铁矿区处于同一个地质单元，其火成岩的组成和分布情况也基本相同。

（2）本勘探区域有大面积岩浆岩出露，主要岩性为闪长岩（年代为燕山期），出露的地层以石炭系和奥陶系地层为主。地面上可以观察到侵入体和围岩接触带上产生强烈的矽卡岩化，主要蚀变岩为透辉石矽卡岩，接触带走向大致为西北至东南方向。

（3）13 号测线的 19～26 号测点有矽卡岩出露。在此进行了探槽和取样化验，结果显示该岩石的主要成分为磁铁矿，其次为黄铜矿、黄铁矿、赤铁矿等。

（4）本区域有较规则的航磁 ΔT 高值异常带，其走向与矽卡岩带大致相同。

在本勘探区域应用天然电场选频法开展了普查工作。本实例展示的是普查工作中的部分资料。

本实例中，被勘探的地质体（铜铁矿）属于低阻良导体，其产生的 ρ_r 异常特征为 ρ_r 低阻异常。图 5-80 为由 11～13 号测线构成的 ρ_r 剖面平面异常图。从图 5-80 可以观察到，11 号测线的 22～25 号测点、12 号测线的 21～25 号测点以及 13 号测线的 20～24 号测点构成了一个西北至东南方向、长度约 100m 的 ρ_r 低阻异常带。这与航磁测量获得的 ΔT 高值异常带以及和地质调查获得的资料基本相符。

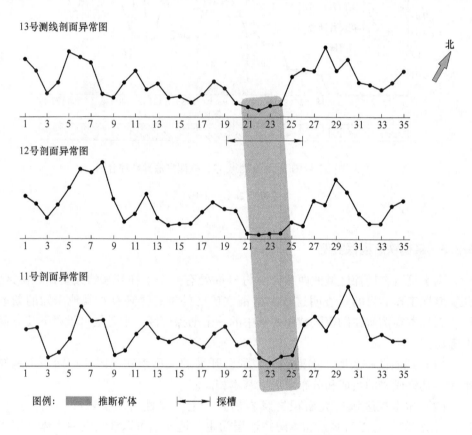

图 5-80　11～13 号测线 ρ_r 剖面平面异常图

（$f=25$Hz；测线距=50m；$MN=20$m；点距=5m；测线方向：西南→东北 45°）

图 5-81 为 13 号测线的 18～28 号测点的 ρ_r 频率测深法断面异常图。从图 5-81 可以推断出，此处的矿体埋深约为 220～250m。图 5-82 为 13 号测线的 22 号测点的 ρ_r 长线测深法异常图。从图 5-82 可以推断出，此处矿体埋深约为 220～260m。可以看出，两种测深方法所确定的矿体的埋深基本相同，二者在此也起到了相互对比印证的作用。

通过将上述测量资料和已开采的大型铜铁矿区的相关资料进行对比分析，也

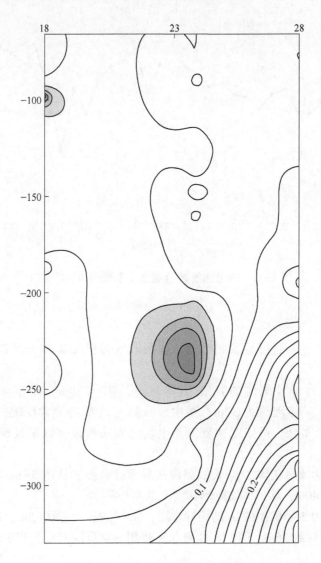

图 5-81 13 号测线 18~28 号测点 ρ_r 频率测深法断面异常图

可以判断该 ρ_r 低阻异常带是由铜铁矿引起的。最终经过钻探验证，上述异常解释推断是正确的。

5.2.4 铬铁矿勘探试验

罗布莎铬铁矿属非层状（阿尔卑斯型）。矿体的形状和分布往往受到杂岩体的原生构造或流动构造控制，因此矿体形状往往与围岩所构造出的形状一致，从而形成豆荚状、串珠状或鸡窝状矿体。本实例是应用天然电场选频

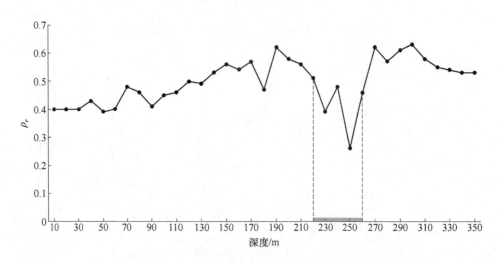

图 5-82　13 号测线 22 号测点 ρ_r 长线测深法异常图

$$(\frac{1}{2}MN=5\text{m};\ f=25\text{Hz})$$

法对西藏安多地区曲松县罗布莎镇的 4 号和 5 号已知矿体开展勘探试验的测量结果。

　　图 5-83 为 4 号矿体的 ρ_r 剖面异常图，$MN=20$m，点距 $=5$m，测线方向：南→北，矿体埋深约 30m。图中 8 号测点 ρ_r 低阻异常反映的位置和矿体的实际位置相吻合。可以观察到天然电场选频法对该铬铁矿反映的是 ρ_r 低阻异常特征。

　　图 5-84 为 4 号矿体的 ρ_r 长线测深法异常综合图。从图 5-84 可以推断，矿体深度约 36~40m，和矿体实际埋深情况基本相符。

　　图 5-85 为 5 号矿体的 ρ_r 剖面异常图，$MN=20$m，点距 $=5$m，测线方向：南→北，矿体埋深约 36m。图中 6 号测点 ρ_r 低阻异常反映的位置和矿体的实际位置相吻合。

5.2.5　石英脉钨矿勘探实例

　　该钨矿位于福建省漳州地区，矿区地形十分复杂，悬崖陡壁、沟壑纵横，四周植被茂密，人烟稀少。应用常规直流电法在这里开展勘探测量工作非常困难。早在 1976 年，福建省某地质队就曾派地质工作人员在该地区进行过地质填图普查工作，在所规划的测区内发现了两条含钨石英脉群，并进行了少量探槽和化探采样工作。后来，由于种种原因该项地质工作没有继续开展下去。1980 年后，曾有人对此地的浅部钨矿脉进行私挖乱采。

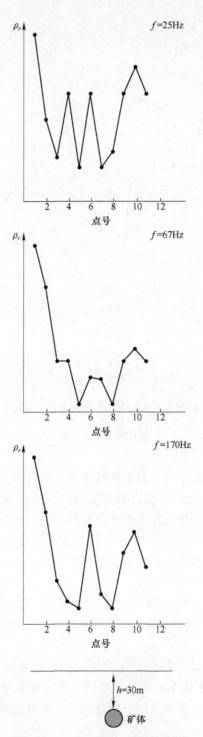

图 5-83　4 号矿位 ρ_r 剖面异常图

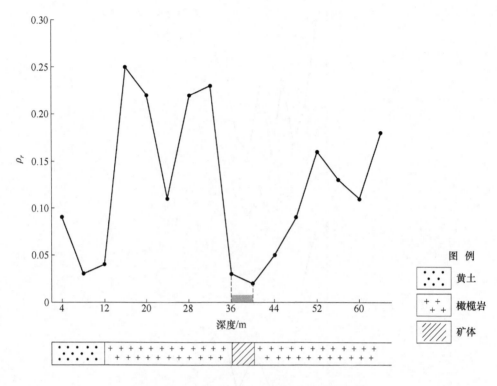

图 5-84   4 号矿位 ρ_r 长线测深法异常综合图

$$\left(\frac{1}{2}MN=2\text{m};\ f=25\text{Hz}\right)$$

该钨矿属于高温热液矿床。根据探槽揭露，矿脉产生于燕山期黑云母花岗岩与寒武系浅变质岩（千枚岩、板岩和变质砂岩）的接触带中。该黑钨矿石英脉与花岗岩体关系密切，测区内存在较多平行排列大小不等的含钨石英脉。其中：

Ⅰ号黑钨矿脉群：长度约 760m，近南北走向，脉宽 0.5~0.15m，分布不均匀，根据地质推断，矿脉向深部延伸约 200m。平均品位：WO$_3$ 2.583%；Bi 0.19%。

Ⅱ号黑钨矿脉群：长度约 360m，近南北走向，脉宽 0.5~0.10m，分布不均匀，根据地质推断，矿脉向深部延伸约 100m。平均品位：WO$_3$ 3.828%；MO 0.021%；Bi 0.142%。

某矿业公司为探明该处钨矿，选用北京杰科创业科技有限公司研发生产的 JK-E 型选频仪在该地区开展了天然电场选频法物探测量工作。前期工作的任务是确定Ⅰ号矿脉的位置、走向方向、长度及矿体的埋藏深度等问题。本实例选自其中的部分勘探内容。

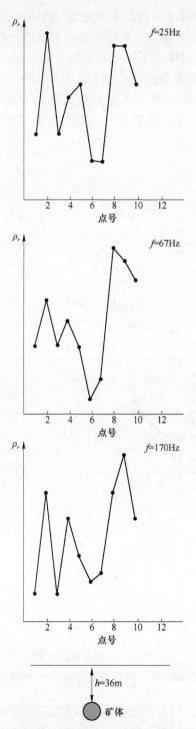

图 5-85 5 号矿位 ρ_r 剖面异常图

图 5-86 为在 I 号矿脉上布置的 4 条测线构成的 ρ_r 剖面平面异常图。从图 5-86 可看出，5 号测线的 7 号测点、6 号测线的 10 号测点、7 号测线的 14 号测点以及 8 号测线的 12 号测点构成了一条延伸约 150m 的 ρ_r 高阻异常带，符合地质调查推断的矿脉近似于南北走向这个判断。其中有些地方已经通过钻探进行了初步验证，实际钻探验证结果与上述测量结果基本相符。例如在 7 号测线的 9~16 号测点出现了明显的 ρ_r 高阻异常，而浅钻钻探结果也证明此处存在含钨石英脉。

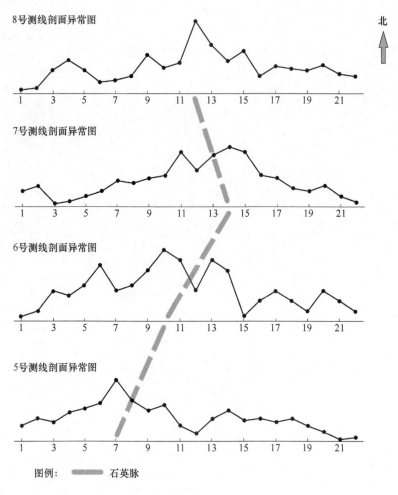

图 5-86 ρ_r 剖面平面异常图

($f=25\text{Hz}$；测线距 $=50\text{m}$；$MN=20\text{m}$；点距 $=5\text{m}$；测线方向：西→东)

图 5-87 为 7 号测线的 14 号测点的 ρ_r 长线测深法异常图。根据图 5-87 推断出矿体有两层，深度分别约为 45~55m 和 70~80m。理论推断和浅钻钻探结果基本相符。

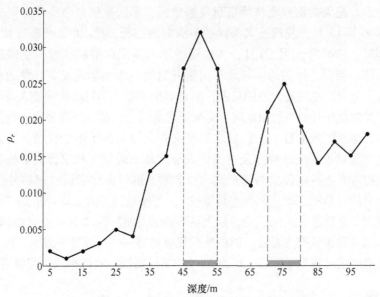

图 5-87　7 号测线 14 号测点 ρ_r 长线测深法异常图

$$\left(\frac{1}{2}MN=2.5\mathrm{m};\ f=25\mathrm{Hz}\right)$$

5.3　天然电场选频法在工程地质与灾害地质勘探工作中的应用

　　天然电场选频法在工程地质与灾害地质勘探方面也取得了良好的地质效果。例如，可用于勘探地下溶洞、地道、防空洞、古墓、地下埋设物、地基、煤矿的采空区和突水点位置，估算覆盖层厚度等等。同样，天然电场选频法在应用于工程地质与灾害地质勘探的过程中也会受到多种复杂因素的影响，因此，勘探工作者不但需要具备扎实的理论基础，还需要具备丰富的野外实践工作经验。例如在勘探煤矿采空区时，由于受到地质或地层构造复杂、地形切割起伏、各种电干扰、人为无序乱采乱挖、采空区空间分布、采空区充水与否等各种情况的影响，寻找和确定采空区的位置和分布范围具有一定的工作难度。为了让读者了解天然电场选频法在工程地质与灾害地质勘探方面的应用，作者在此也提供一些相关实例，供大家参考。

5.3.1　古墓勘探实例

5.3.1.1　寻找国际友人夏理逊遗骨

　　蒂尔森·来孚·夏理逊大夫是加拿大国际著名的外科医生，为中国人民解放事业献身的国际和平主义战士。夏理逊大夫长期从事国际战灾救援工作，于 20 世纪 30 年代来到中国。在抗日战争和解放战争中，多次冒着生命危险开展募捐活动，并亲自把大批医疗救济物资运往解放区，多次受到党中央领导同志的高度赞扬。1946 年 12 月，夏理逊大夫接受宋庆龄的委托，把 40t 医药物资和 20t 纺织品运往邯郸。1947 年 1 月 10 日，当物资运抵山东张秋解放区时，夏理逊大夫不幸以身殉职。当时，他的遗体被运往河南开封的一所小学内安葬。党的十一届三中全会后，为褒扬夏理逊大夫的功绩，中宣部批示有关部门对夏理逊大夫的陵墓进行迁葬，并为他在开封举行 100 周年诞辰纪念活动。但是，夏理逊大夫的陵墓由于安葬时没有建立固定的标记，再加之后来又在此地新建了不少校舍，所以难以找到。1987 年夏理逊移陵迁葬办公室工作人员到郑州地质学校求援。学校接受任务后，委派物探专业科董俊文和黄东达两位老师，携带由作者研制成功并获得 1986 年国家专利的"微机自动选频物探测量仪"，连夜赶到开封工地，不到两天的时间就准确找到了夏理逊大夫的遗骨。以上内容摘自 1987 年 12 月 4 日《中国地质报》报道的新闻《踏破铁鞋无觅处，微机选频仪显神通——国际和平战士，加拿大外科专家夏理逊的遗骨找到了》。图 5-88 为《中国地质报》对此事的新闻报道。

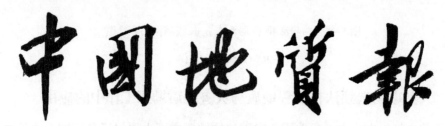

图 5-88　《中国地质报》对寻找夏理逊遗骨的新闻报道

图 5-89 为工作布置示意图，图 5-90 为 22 号测线 ρ_r 剖面异常图，$MN=$ 10m，点距=1m，测线方向：南→北。图 5-91 为 22 号测线剖面异常综合图。在 22 号测线的 5 号测点处挖掘约 2m 深后发现遗骨。

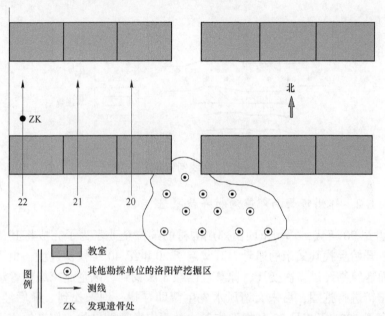

图 5-89　开封市禹王台区医院前街小学（夏理逊小学）工作布置示意图

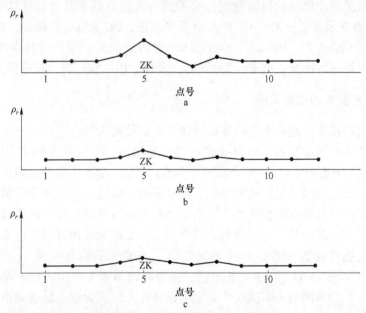

图 5-90　22 号测线 ρ_r 剖面异常图

a—f=25Hz；b—f=67Hz；c—f=170Hz

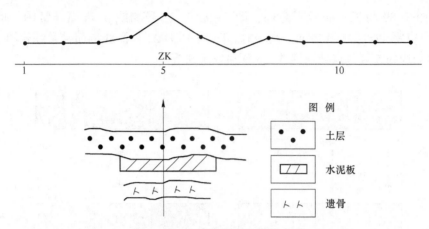

图 5-91   22测线剖面异常综合图

5.3.1.2   郑州市西南郊燕沟村寻找墓址

20 世纪 90 年代，郑州市西南郊燕沟村的某位企业家为了完成将其父母合葬的心愿，开始寻找其父亲的遗骨。其父亲于 20 世纪 40 年代初过世，由于时间久远，地面建筑物经过多次变迁，原墓址已经无法找到。该企业家最初曾动用人力使用洛阳铲进行挖掘，后来又请风水先生帮助寻找，均未找到。最后经人介绍，该企业家于 1991 年 7 月 23 日找到作者，邀请作者帮助寻找。作者使用天然电场选频法和微机自动选频物探测量仪用时不到一天就找到了其父亲的墓址。图 5-92 为工作布置示意图，图 5-93 为 ρ_r 剖面平面图，ZK 为墓址挖掘处，$MN=20m$，点距 $=1m$，测线方向：南→北，$f=170Hz$。经综合判断，最后选择在 10 号测线的 6 号测点处进行挖掘，挖至约 2m 深时，发现了棺木腐烂物，随后见到了遗骨。

5.3.2   煤矿突水点勘探实例

以河南省新密市超化乡王村煤矿寻找突水点位置为例。

河南省新密市超化乡王村煤矿位于二叠系煤层，煤层厚度约 2~10m，埋深约 135m，覆盖层厚约 40m，年产值超过 5000 万元。1985 年某日，因在开采过程中逼近含水断层边缘，采煤坑道出现了渗水现象，导致一夜之间全矿被淹没。由于突水坑道没有与地面进行联测，不能在地表处进行准确定位，因此寻找该坑道的突水点具有一定困难。为了寻找坑道突水点，王矿长最初曾请人前来寻找，未果后又盲目进行打钻（图 5-94 中画 ⊗ 之处），但仍未找到突水点。

1985 年 6 月 15 日，应王矿长邀请，作者和河南省平顶山市冶金勘探公司的张春应总工程师共同前去解决这个问题。作者等人使用天然电场选频法和微机自动选频物探测量仪，用时不到一天就顺利完成了勘探工作，并准确推断出煤矿坑道的突水点位置。

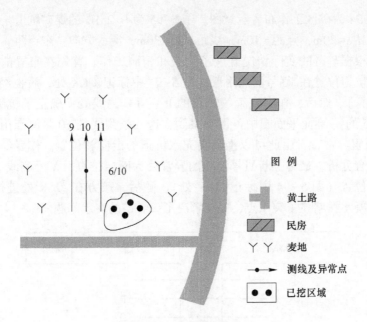

图 5-92 工作布置示意图

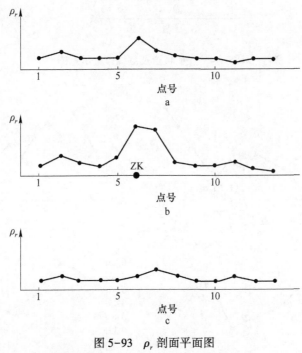

图 5-93 ρ_r 剖面平面图

a—11 号测线；b—10 号测线；c—9 号测线

图 5-94 为矿区工作布置示意图。图 5-95 为 $f=25\mathrm{Hz}$ 的煤矿坑道 ρ_r 剖面平面异常图，$MN=20\mathrm{m}$，点距 $=10\mathrm{m}$，线距 $=20\sim30\mathrm{m}$，测线方向：东→西。

作者根据矿区的实际情况开展了普查和精测工作。首先在布置的 I 号测线处，确定坑道位置在 10 号测点附近（图 5-94 中标记①CK 处，后也经钻探确认为坑道位置）。然后，作者在继续布置的 II ~ VI 号测线处，确定了坑道的走向。从图 5-95 的 ρ_r 剖面平面图中可以观察到，这几条测线的 10 号测点附近构成了一个 ρ_r 低阻异常带，由此可以推断出充水坑道的走向和位置。作者经过进一步精测和综合分析，最终推断 VI 号测线的异常处为断层位置，V 号测线 10 号测点为突水点位置（图 5-94 中标记②CK 处）。随后，矿方在②CK 处进行了钻探，并灌入速凝水泥堵住了突水点，成功解决了该煤矿的突水问题。

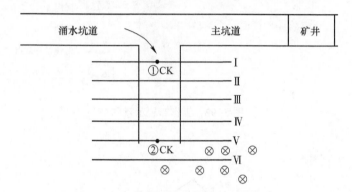

图 5-94　煤矿坑道及测线布置示意图

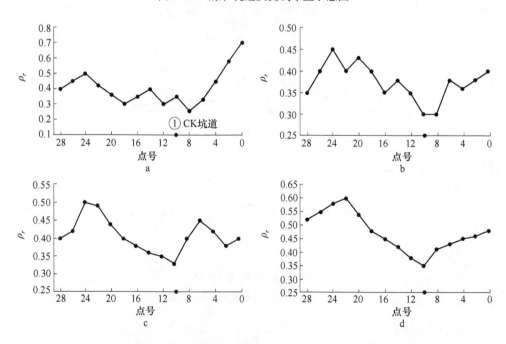

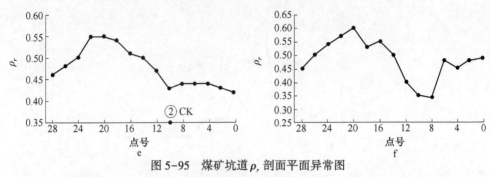

图 5-95 煤矿坑道 ρ_r 剖面平面异常图

a—Ⅰ号测线；b—Ⅱ号测线；c—Ⅲ号测线；d—Ⅳ号测线；e—Ⅴ号测线；f—Ⅵ号测线

5.3.3 天然岩洞勘探实例

5.3.3.1 河南省巩义市雪花洞勘探试验

1986 年 7 月 24 日，作者应用天然电场选频法在河南省巩义市雪花洞进行勘探试验，地质效果明显。测量地点选择在洞的中厅上方，此处洞高约 30m，洞顶埋深约 25m，洞长约 100m 成葫芦状。首先，作者布置了一条与溶洞相互垂直的剖面测线，获得了如图 5-96 所示的 ρ_r 剖面异常综合图，$MN=20m$，点距 $=10m$。从图 5-96 可以观察到，测量曲线在溶洞处出现了明显的 ρ_r 高阻异常。随后作者又在洞顶处开展了长线测深法的测量工作，获得了如图 5-97 所示的 ρ_r 长线测深法异常图。图 5-97 中异常曲线所反映出的溶洞的埋深及大小与实际情况基本相符。

5.3.3.2 河南省巩县老君洞勘探试验

1986 年 7 月 25 日，作者应用天然电场选频法在河南省巩县老君洞进行勘探试验。图 5-98 是在洞顶上方测量获得的 ρ_r 剖面异常图，$MN=20m$，点距 $=5m$，测线方向：南→北。从图 5-98 可以观察到，异常曲线出现了两个 ρ_r 高阻异常，这也和作者从洞口进入约 5m 后发现溶洞开始向两边分叉而出现两个洞体的实际情况相符。

5.3.4 人工洞穴勘探实例

5.3.4.1 河南省许昌县许田街曹操藏兵藏粮洞

许昌县许田街位于河南省许昌市南约 10 公里处。曾有人在许田街中部的南侧发现了一个洞口，并将此情况上报到相关部门。经考察，洞顶埋深约 3~4m，直径约 2m，近似半圆形，洞壁为灰色坚硬物。后经有关部门查阅当地县志，怀疑该洞可能是三国时期曹操的藏兵藏粮洞。1986 年 8 月 24 日，考古部门邀请作者和河南省第二地质调查大队孟祥芳总工程师共同确定该洞的走向和分布范围。

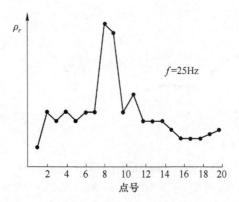

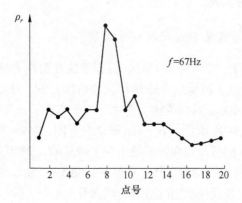

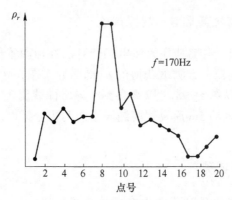

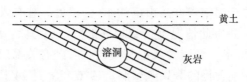

图 5-96 雪花洞 ρ_r 剖面异常综合图

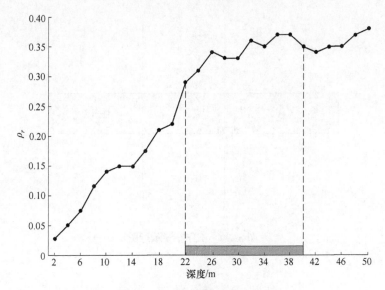

图 5-97 ρ_r 长线测深法异常图

$(\frac{1}{2}MN = 1\text{m}; \ f = 25\text{Hz})$

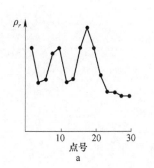 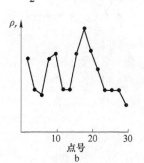 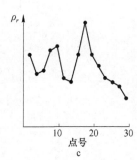

图 5-98 老君洞 ρ_r 剖面异常图

a—f = 25Hz; b—f = 67Hz; c—f = 170Hz

作者等人到达勘探现场后，发现勘探现场位于街道附近，勘探区域非常狭窄，比较适合使用天然电场选频法开展勘探测量工作。图 5-99 为工作布置示意图。作者由西向东垂直于许田街布置了多条测线，测线间距约 20m，其中 3 号测线的 18 号测点经过已知洞口。

图 5-100 为 f = 25Hz 的 ρ_r 剖面平面异常图，测线距 = 20m，MN = 10m，点距 = 2.5mm，测线方向：南→北。从图 5-100 可以观察到，位于洞口的 3 号测线的 18 号测点处出现了 ρ_r 高阻异常，同时还可以观察到 4 号测线的 19 号点、3 号测线的 18 号测点以及 2 号测线的 17 号测点构成了一条 ρ_r 高阻异常带。最终，作者推断该地下存在一处沿东西走向、长度约数十米的地下建筑。该推断与随后考古工作者的勘探验证结果基本相符。

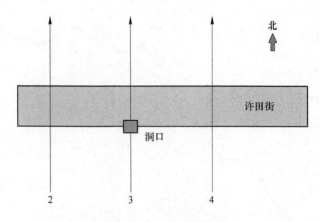

图 5-99　工作布置示意图

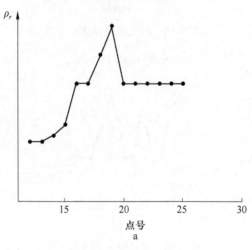

a

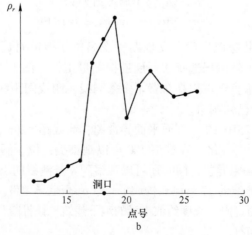

b

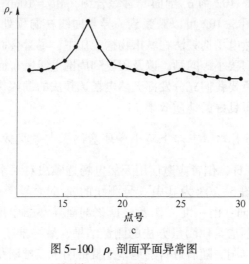

图 5-100 ρ_r 剖面平面异常图

a—4 号测线；b—3 号测线；c—2 号测线

5.3.4.2 河南省郑州市工人路口市委家属院防空洞

城市废弃防空洞可能会因年久失修而出现塌陷的情况，严重时甚至可能会引起地面建筑物倒塌或道路塌陷等问题。如何解决这类灾害地质问题也是地勘工作所要面对的一个重要课题。由于防空洞建造时间久远、地面建筑林立、测量面积窄小受限、城市电干扰复杂多样且测量时接地条件苛刻，因此投入使用的各种物探方法往往会受到某些条件的限制而难以准确确定防空洞的位置。这让解决这类灾害地质问题变得困难重重。为此，作者也应用天然电场选频法作了一些有益的尝试，并获得了较好的地质效果。在此列举几个应用天然电场选频法勘探防空洞的实例，供读者参考。可以看出，这些实例充分体现出了该物探方法的勘探优势。

河南省郑州市工人路口市委家属院防空洞位于市委北家属院西侧。该防空洞于 20 世纪六七十年代为备战而挖掘，后被废弃。洞顶埋深约 4m，直径约 2m，形状为半圆形。作者应用天然电场选频法在此处进行了勘探试验，垂直于防空洞布置了数条测线。图 5-101 为其中一条测线的 ρ_r 剖面异常综合图，$MN = 10m$，点距 = 2.5m，测线方向：南→北。从图 5-101 可以观察到，该异常曲线在洞顶处呈现出明显的 ρ_r 高阻异常。

5.3.4.3 河南省郑州市互助路西测绘队院内防空洞

河南省郑州市互助路西测绘队院内防空洞位于互助路与中原集贸市场交界处。该防空洞位于院内东侧，四周为家属楼，中间可用于布置测量工作的区域不足一个篮球场大小。为确定防空洞的分布范围，作者应用天然电场选频法开展了勘探测量工作。图 5-102 为 ρ_r 剖面异常综合图，$MN = 10\text{m}$，点距 $= 2.5\text{m}$，测线方向：南→北。从图 5-102 可以观察到，异常曲线在洞顶处呈现出明显的 ρ_r 高阻异常。可见，天然电场选频法在城市物探工作中，尽管会面临因周围建筑物限制而导致的测量范围狭小等问题，以及因受到周围电线密布而导致的电干扰强烈等情况的影响，但只要我们充分发挥天然电场选频法的勘探优势，合理布置测量工作，仍然能够获得良好的地质效果。

5.3.4.4　河南省郑州市郑上路小学地基勘探中寻找防空洞

1987 年 9 月 30 日，作者应邀使用天然电场选频法对河南省郑州市郑上路小学进行地基勘探。图 5-103 为其中 6 号测线的 ρ_r 剖面异常综合图，$MN = 10\text{m}$，点距 $= 2\text{m}$，测线方向：南→北。作者根据该剖面异常图中出现的 ρ_r 高阻异常，再结合天然电场选频法其他测量方法的测量结果，最终推断 6 号测线的 4、5 号测点下方可能存在空洞。随后进行的地基挖掘证明了该推断是正确的，此处确有防空洞存在。在此次的地基勘探工作中，作者应用天然电场选频法成功排除了地下防空洞的隐患，保证了地基的稳定性。

5.3.5　地下埋设物勘探实例

5.3.5.1　河南省某兵工厂寻找地下铸铁管道

1985 年 8 月 2 日，作者与河南省第二地质调查大队孟祥芳总工程师应邀使用天然电场选频法和微机自动选频物探测量仪，帮助河南省某兵工厂解决寻找地下供水铸铁管道的问题。该管道从 1.5km 外引水供应工厂和厂区附近居民使用，外径约 0.5m，埋深约 1.5~2m，围岩是黄土，走向近似于南北方向。由于时间久远，已经无法确定管道的具体位置。为查明该管道的分布情况并解决管道漏水等问题，作者等人应用天然电场选频法开展了全管线的勘测工作。图 5-104 为其中一条测线的 ρ_r 剖面异常综合图，$MN = 10\text{m}$，点距 $= 2\text{m}$，测线方向：东→西。从图 5-104 可以观察到，异常曲线中出现了明显的 ρ_r 低阻异常。后经挖掘确认该异常处为被寻找的一段供水铸铁管道。

5.3.5.2　河南省郑州市郑上路小学地基勘探铸铁管道

1987 年 9 月 30 日，作者应邀使用天然电场选频法对河南省郑州市郑上路小学进行地基勘探。其中 4 号测线的 8、9 号测点处埋有一铸铁管道，该管道直径约 0.3m，埋深约 1.5~2m。图 5-105 为 4 号测线的 ρ_r 剖面异常综合图，$MN = 10\text{m}$，点距 $= 2\text{m}$，测线方向：东→西。从图 5-105 可以观察到，铸铁管道所在的 8、9 号测点处出现了明显的 ρ_r 低阻异常。

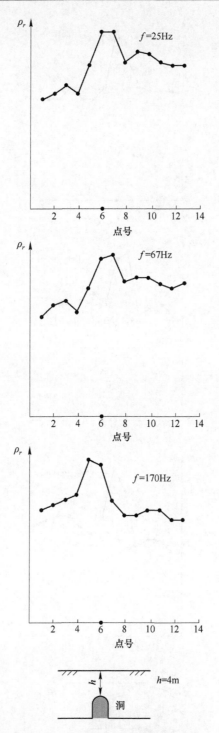

图 5-101 防空洞 ρ_r 剖面异常综合图

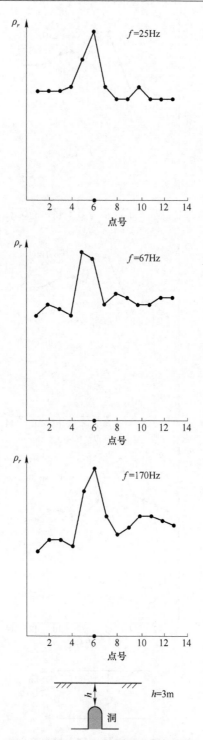

图 5-102　防空洞 ρ_r 剖面异常综合图

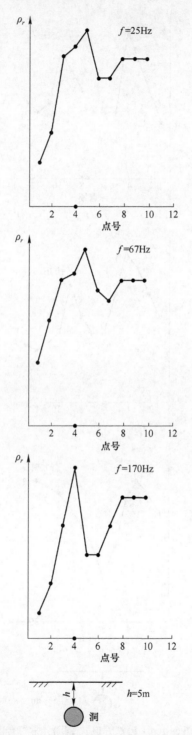

图 5-103　防空洞 ρ_r 剖面异常综合图

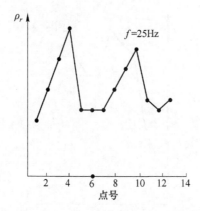

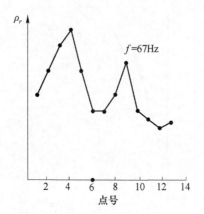

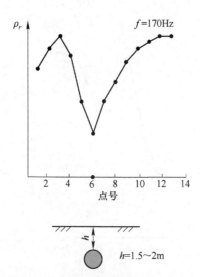

图 5-104　铸铁管道 ρ_r 剖面异常综合图

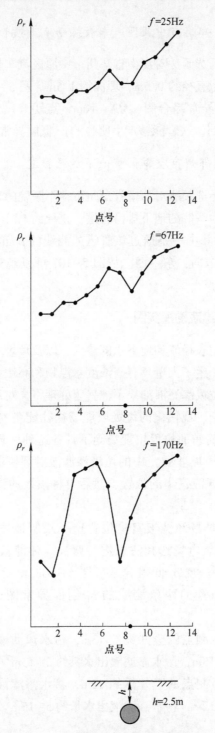

图 5-105 铸铁管道 ρ_r 剖面异常综合图

5.3.5.3 河南省郑州市中原区汽车教练场地下铁管道

作者应用天然电场选频法对河南省郑州市中原区汽车教练场的地下铁管道进行了勘探试验。该铁管直径约 0.5m，埋深约 1.5m。图 5-106 为其中一条通过该管道的测线的 ρ_r 剖面异常综合图，$MN=10$m，点距 $=1$m，测线方向：南→北。从图 5-106 可以观察到，铁管能够产生明显的 ρ_r 低阻异常。

5.3.5.4 河南省郑州市空军医院地下水泥管道

作者应用天然电场选频法对河南省郑州市空军医院的地下水泥管道进行了勘探试验。该水泥管道为医院的地下排污管道，直径约 1m，长约 40~50m，埋深约 1.5~2m。图 5-107 为其中一条通过该管道的测线的 ρ_r 剖面异常综合图，$MN=8$m，点距 $=1$m，测线方向：东→西。从图 5-107 可以观察到，水泥管道能够产生明显的 ρ_r 高阻异常。

5.3.6 垃圾填埋场渗滤液勘探实例

由于自然降水、地表径流和地下水的渗入，以及垃圾本身的化学和生物降解作用，垃圾填埋场中产生了大量具有高浓度悬浮物和高浓度有机物、无机物成分的垃圾渗滤液。这些垃圾渗滤液如果不被妥善处理将会对周围的土壤、地表和地下水体造成严重的污染。现代化的垃圾填埋场往往配备有一套完整的垃圾渗滤液处理系统，而很多简易的垃圾填埋场则不具备这种处理能力。为防止垃圾填埋场（特别是简易垃圾填埋场）中的垃圾渗滤液对环境造成污染，我们需要寻找到垃圾填埋场中渗滤液富集的位置，然后再将该处的渗滤液抽取出来进行无害化处理。

针对寻找垃圾填埋场渗滤液富集位置这一浅层地质勘探问题，作者通过实践认为可以采用天然电场选频法来进行解决。渗滤液富集位置的异常特征是在 ρ_r 剖面异常图中呈现 ρ_r 低阻异常。图 5-108 和图 5-109 为广东省东莞市某垃圾填埋场所布置的两条测线的 ρ_r 剖面异常图，其中 $MN=20$m，点距 $=5$m。

图 5-108 中，7 号测点的竖井深约 13m，污水渗滤液出水量约 5~15m³/d；13 号测点的竖井深约 15m，污水渗滤液出水量约 5~15m³/d。

图 5-109 中，3 号测点的竖井深约 12m，污水渗滤液出水量约 5~15m³/d；14 号测点的竖井深约 12m，污水渗滤液出水量约 5~15m³/d。

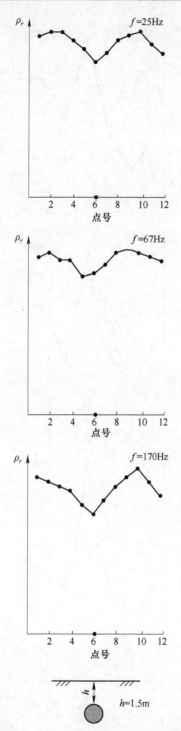

图 5-106 铁管道 ρ_r 剖面异常综合图

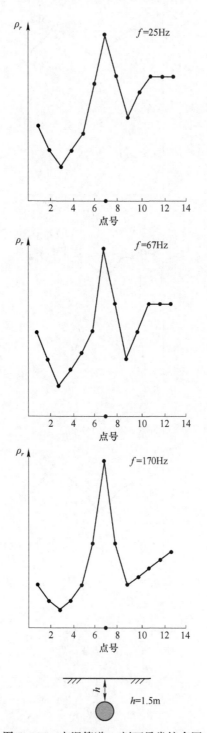

图 5-107 水泥管道 ρ_r 剖面异常综合图

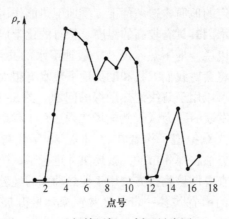

图 5-108　垃圾填埋场 ρ_r 剖面异常图（一）

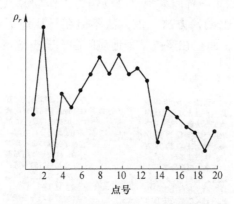

图 5-109　垃圾填埋场 ρ_r 剖面异常图（二）

5.4　天然电场选频法在地热勘探工作中的应用

地球是一个巨大的热库，蕴藏有丰富的地热资源。地热资源作为一种可再生的清洁能源，广泛应用于生活、医疗卫生、取暖、发电、农副产品加工等诸多领域，并越来越受到人们的重视。

地热地质工作有两大任务：一是理论研究，即研究区域及全球范围内地热的形成机理、表现形式、热历史、热状态演变等内容。二是应用研究，即研究局部地热的集中规律，以及地热的勘探方法、开发利用等内容。如何寻找地下热水是地热应用研究的重要课题。地下热水是地热的载体。地下热源的热能可以以热水的形式，通过断层构造产生的裂隙或人为钻探的地热井等方式，从地层深部引出至地表加以利用。从这个意义上来说，地热资源也可以被简单定义为稳定的、清洁的、可持续利用的、温度大于 25℃ 的地下热水。因此，本书主要讨论的就是如何应用天然电场选频法开展地热勘探工作，即如何寻找地下热水。

　　地下热水是在一定的地质构造条件下，受地下热能作用而形成的具有一定温度的地下水。地下热水因其具有较高的温度、特有的化学成分和气体成分而区别于一般的地下水。可以说，地下热水既有一般地下水的共性，也有自己的特性。充分注意这些特点，将会对我们寻找和勘探地下热水有很大帮助。

　　天然电场选频法可以用于解决地热勘探的问题。图 5-110 为《中国地质报》在 1984 年 9 月 10 日发表的题为《天然电场选频法在工程地质、普查地下热水中的应用》的文章。该文章报道了作者在 20 世纪 80 年代初提出天然电场选频法后，首先应用该物探方法在郑州市的几处地热井进行了试验性的测量，获得了较好的异常反应之后，在总结该物探方法用于地热勘探的经验和规律的基础上，又扩大了应用范围，在河南省陕县一带的地热温泉地区开展了普查地下热水的工作，并获得了较好的地质效果。文章内容如下：

　　"天然电场选频法是一种以大地电磁场作为工作场源，选择其中的几个频率作为工作频率的交流电勘探方法。该方法不但在寻找地下水方面取得了很大成绩，受到社会的好评，而且在解决工程地质问题，普查地下热水方面，也获得了较好的效果。

图 5-110　《中国地质报》对天然电场选频法用于工程地质和普查地热的新闻报道

本方法所解决的工程地质问题有三类：一是寻找天然和人工洞穴。用本方法解决了河南省巩县的雪花洞、巩县的老君洞、郑州市工人路口的防空洞、郑州市空军医院的下水道、密县王村煤矿的矿坑道充水、许昌市剪刀厂的曹操藏兵洞、许昌县许田街的曹操藏粮洞等洞穴的寻找。二是寻找覆盖层下的断层破碎带。如查明河南省舞阳铁矿区张湾——毛庄变质岩中的 F_1 断层破碎带。三是解决城市房屋建筑的地基稳定问题。如在郑州市文化路的河南省电视广播学校的地基稳定性评价中，通过测量，查明了地基有无古墓、洞穴、断裂破碎带，了解了地面地层分布情况，提供了供水井位的打井位置。该校地处四面高楼，公路包围的闭区，若用一般常规方法难以完成上述任务。然而，用本方法却顺利完成了任务。解释资料结果与工程浅钻验证结果基本相符。上述这些问题的解决，为考古、建筑工程的地基稳定、灾害的防御等方面做出了贡献。

普查地下热水方面的应用。首先是在郑州市的几处地下热水井进行了试验性的观测，获得地质效果后，将方法用于河南省鲁山县碱厂、河南省陕县温泉一带的地下热水普查，获得了满意的地质效果。

去年底，在河南省伊川县高山乡煤矿和密县王村煤矿用本方法进行了找煤试验工作，获得较好的异常反应。"

作者认为，天然电场选频法应用于地热勘探工作能够取得一定的地质效果，但要彻底解决各种不同类型地热井的勘探课题，仍然有许多问题需要解决。在此，作者简单介绍三个应用天然电场选频法勘探地热井的实例，供读者参考。这三个实例分别为勘探基岩裂隙型地热井、勘探隐伏断裂构造型地热井以及勘探沉积盆地型地热井。

5.4.1　基岩裂隙型地热井勘探实例

以河南省鲁山县碱厂北地热井为例。

5.4.1.1　工区简介

该测区位于县碱厂北面，测区内遍布麦田、经济作物和鱼塘。整个测区地形较为平坦，地表被第四系黄土、砂和黏土覆盖，部分地区出露花岗岩地层。在测区的北部和东南部共有三处温泉出露。根据地表观察的情况，推断在测区内可能存在断层构造。

温泉是地下热水的天然露头。它的出现和分布与各种构造体系活动和断层构造有着密切关系。统计数据表明，地球表面的热流量均值为 1.4~1.5HFU，而温泉出露地区的热流量平均值为 20~200HFU。这说明，温泉的出现就已经表明了该地区存在地热异常。因此，在这种具有地热异常的区域内寻找地下热水时，只要寻找到断层破碎带构造中的含水层，那么该含水层中的地下水一般情况下都能基本符合地下热水的条件和要求。这也是应用天然电场选频法寻找基岩裂隙型地下热水的地质依据。

5.4.1.2　测量工作的布置

为了在测区内寻找到地下热水，作者布置了多条测线进行剖面测量，并投入了天然电场选频法的其他多种测量方法开展测量工作。图 5-111 为工区布置示意图。图 5-111 主要展示了其中的 1~5 号剖面测线，测量目的是确定西北向断层 F_1 和南北向断层 F_2 的存在。图 5-112 为 1~2 号测线的 ρ_s 剖面平面图，从图 5-112 可以推断出 F_1 断层的位置和方位。图 5-113 为 3~5 号测线的 ρ_s 剖面平面图，从图 5-113 可以推断出 F_2 断层的位置和方位。

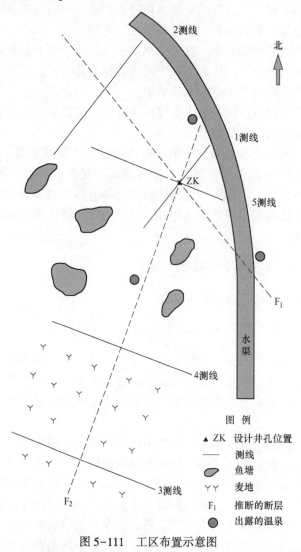

图 5-111　工区布置示意图

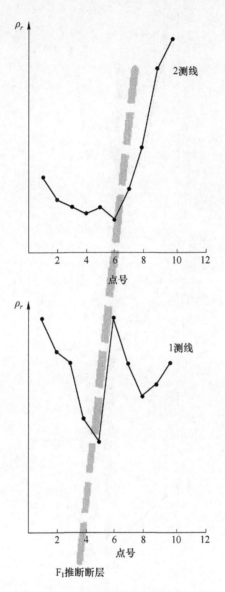

图 5-112　1~2 号测线 ρ_r 剖面平面异常图

（f=25Hz；MN=20m；点距=10；测线方向：30°）

　　作者再结合当地地质资料进行综合研判后，最终将井位定在两条断层的交汇点处，即选择 1 号测线的 5 号测点与 5 号测线的 5 号测点的交汇处作为井位。之后又在该井位处开展了长线测深法的测量工作，所获得的 ρ_r 长线测深法异常综合图如图 5-114 所示，理论推断含水层及深度分别为 24m 和 48~60m，和实际钻探结果基本相符。

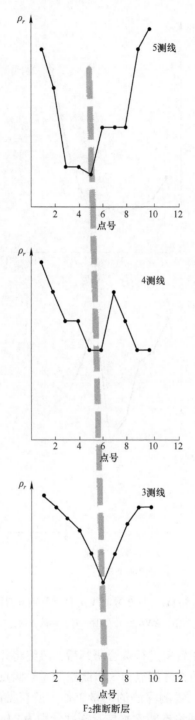

图 5-113　3~5 号测线 ρ_r 剖面平面异常图

($f=25\text{Hz}$；$MN=20\text{m}$；点距 $=10$；测线方向：$100°$)

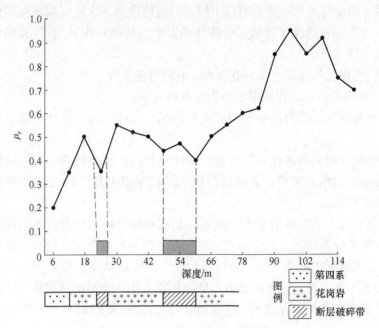

图5-114 井位处 ρ_r 长线测深法异常综合图

$$\left(\frac{1}{2}MN=3\text{m};\ f=25\text{Hz}\right)$$

5.4.1.3 钻探结果

1986年8月16日河南省平顶山市冶金勘探公司钻井队完成钻探任务。

钻探结果：终孔深度72m；其中10~14m土层、砂黏土层，14~72m花岗岩；单井涌水量15m³/h；60m处热水温度为42.5℃。

5.4.2 隐伏断裂构造型地热井勘探实例

地热资源的分布与深部的地质及构造格局之间存在着密切关系。地下某处由于地质构造作用而形成了可供地下水进行深循环的断裂构造系统，而这个系统中的地下水又和热源有关，由此而形成的地下热水被称为隐伏断裂构造型地下热水。

该类型的地下热水在河南省许多地方均有分布。例如，洛阳龙门西山、洛阳盆地，渑池县，郑州西南郊小李庄、三李一带以及新郑市等地区。

（1）隐伏断裂构造型地热的基本特点：

1）储热构造一般具有不同厚度的覆盖层。

2）储热构造可存在于不同地质年代的地层中。

3）储热构造与断层构造、破碎带有密切关系，其形成的地下热水与深部热循环有关。热储富集区一般具有以下特点：有可供地下水进行深部循环的断裂构造系统；地下存在热源（年轻的中酸性热岩体或其他岩体）；岩体和围岩的空隙度和渗透率较大。

4）储热构造的深度一般为数百米，有时可能更深。

（2）寻找隐伏断裂构造型地热应注意的问题：

1）掌握测区深部的地质及构造格局情况，了解该地区的地热增温率或地热流值。

2）收集和研究测区或者同类地质条件地区的已知地热井、石油钻探井及水文地质观测井的相关资料，为以后运用"从已知推未知"的方法开展异常资料解释工作提供依据。

3）还可以利用测区的重力、航磁以及地震等资料综合分析测区的深部构造和隐伏岩体的分布情况，这会对我们解决测区深部地质勘探问题起到很大帮助。

4）勘探较深的地热井时，为降低风险，提高成功率，在应用天然电场选频法开展勘探工作之外，还可以投入其他的勘探方法，如地温测定法、放射性测量法等。采用多种勘探方法进行相互对比印证，能够提高资料解释的可信度和准确性。

（3）应用天然电场选频法寻找隐伏断裂构造型地热的关键：

1）寻找到断裂构造，确定其位置、走向、深度、构造格局等。

2）判断断裂构造中是否存在地下热水。也即，此断裂构造应当位于该地区的地热异常中，且断裂构造中的地下水与深部热源之间具有直接联系，能够构成深部循环。其中的主要衡量标准是该断裂构造处于该地区的地温梯度（或地热流）异常区内。

下面作者以河南省郑州市郊地热井为例，简单介绍如何应用天然电场选频法勘探隐伏断裂构造型地热井。

5.4.2.1　地热井简介

地热井位于郑州市南郊某矿区。该地区早在 1970 年前进行煤矿地质普查时就曾经钻探过很多深井。当地的地质情况较为清楚，属于新郑地热田的濮沱背斜轴部的深部循环热水上升区。地热井所在矿区位于新密–新郑褶皱断裂水文地质区的东部。主体断裂以北西向为主，地势呈西高东低，西部有寒武系、奥陶系地层和温泉出露。

部分地下热水经断裂带流入到矿区所在区域，存储在三叠系、二叠系的碎屑岩、砂岩裂隙中，且在此区域又存在厚层的新生界松散覆盖层保护地下热水。同时，该区域煤田地质普查所钻探的深井和水文观测井中测定的地温梯度值约为 4.1℃/100m，此值高于地壳平均地温梯度值 3.0～3.3℃/100m。以上都表明该地区属于地热异常区，存在地下热水的可能性较大。

本区域地层情况为，0~280m 左右为第四系（Q）新近系（N）地层，岩性以黄土、黏土、亚黏土、亚砂土、砂质黏土、砂质砾岩为主；280m 以下为三叠系（T），二叠系（P）、石炭系（2+3）地层，岩性有长石石英砂岩、粉砂岩、细砂岩、泥岩、页岩等。

其中，二叠系上石盒子组下段、下石盒子组、石炭系中上统太原组有煤层或煤线存在；三叠系长石英砂岩、二叠系中的平顶山砂岩，因受地质构造作用破碎后形成了断层构造破碎带，成为含水构造，而这种含水构造又处于地热异常区，可以形成隐伏断裂构造型地下热水构造。

5.4.2.2 天然电场选频法测量结果

首先需要在该地区寻找到隐伏断裂构造。为此，作者应用天然电场选频法勘探技术模式在测区内开展了大量测量工作。图 5-115 为该测区 $f=25\text{Hz}$ 的 ρ_r 剖面平面异常图。从图 5-115 可以看出，该测区存在一条近似东西走向的地质构造。作者再结合天然电场选频法其他测量方法的测量结果、当地的地质资料以及附近已知井的资料进行综合分析后，最终确定了地热井的位置。

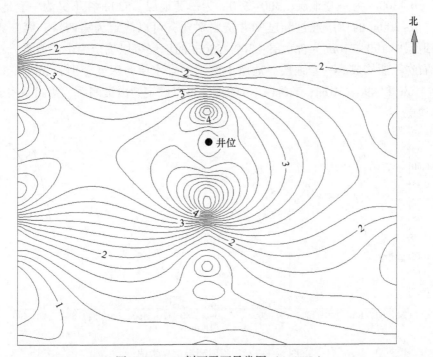

图 5-115 ρ_r 剖面平面异常图（$f=25\text{Hz}$）

图 5-116 为井位处的 ρ_r 环形剖面异常图。根据该异常图和当地地质情况，

估算单井涌水量约为 35m³/h，表明井位处的构造存在含水层。同时，此处地温梯度值较高，属于地热异常区。因此，可以推断此处构造中的地下水为地下热水。

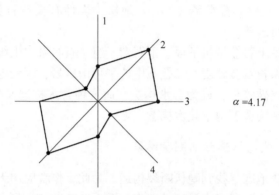

图 5-116 ρ_r 环形剖面异常图

（$MN=20$m；$f=25$Hz）

图 5-117 为井位处的 ρ_r 长线测深法异常图。从图 5-117 可以观察到有三套地层，0~300m 为一套地层；300~530m 为一套地层；530m 往下又为一套地层。其中，0~300m 的地层通过和已知井资料对比，可以确定为第四系、第三系地层，地层中 190~210m 为含水层；300~530m 的地层可以确定为由三叠系、二叠系、石炭系所构成的一套地层，地层中有三层含水层，深度分别为 330~350m、390~410m 和 490~510m；530m 往下的地层可以确定为由奥陶系、寒武系构成的一套地层。

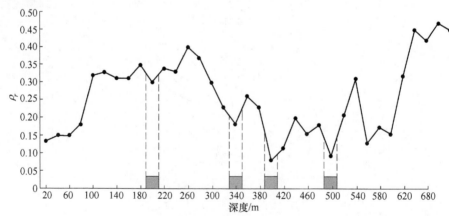

图 5-117 ρ_r 长线测深法异常图

（$\frac{1}{2}MN=10$m；$f=25$Hz）

图 5-118 为井位的 ρ_r 频率测深法断面异常图。从图 5-118 也可以观察到有三套地层，0~280m 深度为一套地层，与该地层为第四系和新近地层的地质解释相符；280~550m 为一套地层，其中 300~340m、380~430m 和 480~530m 均出现了低阻异常区，反映出该套地层中包含有三层不同深度的地下热水层，这也与长线测深法所确定的三层含水层的深度基本对应；550m 以下为另一套地层。

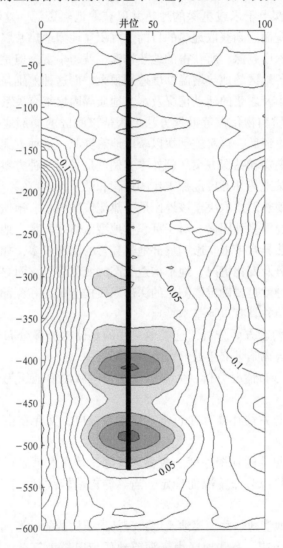

图 5-118 ρ_r 频率测深法断面异常图

钻探结果：终孔深度 529m；405m 深度的热水层水温为 37℃，494m 深度热水层水温为 45℃；单井涌水量 42m³/h。可以看出，资料解释结果与实际钻探结果基本相符。

5.4.3　沉积盆地型地热井勘探实例

沉积盆地型地热井一般位于大地构造体系的沉降带、拗陷带中，具有第四系、第三系的巨厚沉积层，热储构造通常埋藏较深。勘探和钻探这种类型的地热井有两种方案。

（1）通过钻探上千米或更深的地热井以获取地热资源。这种方案仅依靠地层本身的增温效应而达到获取地热的目的。沉积盆地型地热井属于地热增温型热水井，其钻探的深度越深，所获得的地热资源也就越丰富。但是这种做法的风险也相当大，因为各地区的地热增温梯度差别很大，而这种差别与地质构造、岩层的传热性能、火山及岩浆的活动情况及水文地质等因素都有关系。

（2）依靠地质和物化探等勘探方法，获得该测区的局部地热异常带，对其经过充分分析和论证后，再实施钻探以获取地热资源。这种方案也是目前通常所采用的一种地热勘探和钻探方案。例如本实例就是采用这种方案，应用天然电场选频法对河北省某地热井开展勘探工作的过程和结果。

一个地区的地热形成取决于该地区地下热流值的大小、地质构造的特征、深部热源的分布情况等多种因素。对于沉积盆地型地热井而言，地热井应当被定位在测区的局部地热异常带上。影响局部地热异常的因素较多，如新生代沉积层的厚度、岩性的成分及变化情况、地下构造状态的变化等等。而寻找沉积盆地局部地热异常带的关键就是要确定该测区的深部地质构造状态和深部地热源问题。这类沉积盆地型地热井具有以下基本特点：

（1）从地质构造方面分析，这类地热井的热储构造多分布于构造体系中的沉降带、隆起带与拗陷带交接处的构造带或断层中。

（2）从岩层分布情况分析，大多数拗陷带区域内的地层为中新生代巨厚沉积层。

（3）这类地热井往往既存在正常地热增温效应，又存在由深部构造热源引起的地热增温效应。

（4）这类地热井的钻探深度一般要求较深。其深度可以根据测区的具体地质构造及地下的热源分布情况而确定，当热储构造较浅时，钻探深度也可相应较浅。

勘探沉积盆地型地热井主要涉及解决深部地质构造的勘探问题，一般需要寻找到较深的热储构造。有些地区由于深部地质情况较为复杂、干扰因素多等原因，勘探风险也较大。为了尽量减少风险，提高成功率，我们首先要充分收集和分析测区的深部地质情况，再进行现场核实。有条件的情况下，可以参考测区的航磁、重力、地震及其他物化探的相关资料中对该测区深部地质情况所做的结论。同时，还可以收集测区的石油钻井、煤田勘探井以及水文观测井的相关资料。这些资料对于我们研究测区深部地质构造、布置测量工作以及进行异常解释等都具有很高的参考价值和实用价值。

天然电场选频法作为一种新的物探方法，也可以用于解决这种类型地热井的勘探问题，并且在野外测量工作的布置、测量数据的采集及处理、异常的定性及定量解释方面均有着自己独有的特点和解决问题的具体方法。作者根据自己的工作经验认为，在勘探工作中必须充分发挥天然电场选频法的特点和优势，才能获得良好的地质效果。因此，在应用天然电场选频法解决这类地质问题的工作过程中，也应采取"多装置、多频率、多方位"测量、剖面测量与测深测量并重以及频率测深法与非频率测深法相结合的这种"三多、两并重、两结合"的勘探技术模式，同时运用该方法的理论体系对异常进行分析和解释，从而解决以下问题：确定地热井的位置，估算单井涌水量，确定地下热水的层数及每层深度，推算地下热流值的大小以及估算地热井的循环径流深度等。

下面作者以河北省某地热井为例，简单介绍如何应用天然电场选频法勘探沉积盆地型地热井。

5.4.3.1　测区的情况

该地区位于河北平原中部，地处渤海盆地中段，跨越冀中凹陷、沧县隆起和黄骅凹陷等三级构造单元。所勘探的地热井测区位于隆起区与凹陷区交界处的地质构造带中。

20 世纪六七十年代，该地区周围曾开展过大面积的石油勘探和钻探工作，其中有的钻孔已经钻探出了温度较高的地下热水。后来，为开发和利用本地区的地热资源，有关单位又开展了地面以及深部的地质勘探工作，并获得了详细的地质资料。这些资料对本测区地表和深部的地质构造、地热异常与构造之间的关系、地温值、地区平均地温梯度值以及第三系地层地温梯度值等问题都进行了较为详细和全面的研究。这也为我们在该地区应用天然电场选频法开展地热勘探工作提供了很多关于深部地质和地温异常的参考资料。本地区地层主要包括以下三组：

（1）第四系冲积层细砂卵石、亚砂土、亚黏土、砂层等。含水层段埋深约 $300\sim500m$，地下水类型为 $Cl \cdot HCO_3-Na$ 或 HCO_3-Na 型。

（2）上第三系上统明化镇组（Nm）是华北盆地全区较为统一的，在拗陷区背景下沉积的一套以巨厚河流相为主的由砂岩层与泥岩层组成的相互堆积层。该地层分布遍及全区，最大厚度达 $1200\sim2000m$，底界埋深约 $1500\sim2500m$。地下水类型为 $Cl \cdot HCO_3-Na$ 或 HCO_3-Na 型；中新统馆陶组（Ng）的岩性为砂砾岩、含砾砂岩，中细砂岩及粉砂岩夹泥岩，其中以细砂岩为主，顶底板深度约 $1000\sim2300m$。

（3）下第三系地层中所含的地下水是和石油有成因关系的高矿化水。该地层沉积了以湖相为主，湖相与河流相互叠置的一套"半咸水－淡水"沉积，最大厚度为5000~7000m，是华北平原主要产生石油的岩系。

本地区热水赋存于以下三组地层中：

（1）上第三系上段明化组水温一般在30~50℃；下段馆陶组水温一般在60~70℃。这也是所勘探地热井热储层的主要分布地层。

（2）下第三系（部分地区有中新界），水温在50℃左右。

（3）震旦系及下古生界碳酸盐岩系。

在此地区的石油钻井中曾开展过水文测量工作，该工作为我们提供了较多测井数据。根据浅井实测水温资料并结合气象观测资料，可以确定此地区地下恒温层约为25m，地温值约为15℃。根据浅井及石油勘探井实测水温资料，可以计算出此地区地温梯度值一般为3.16℃/100m，略高于大地梯度背景值3.0℃/100m，该地温梯度值也可以作为本区的背景值。

通过石油钻井对凹陷区和凸起区的第三系地层进行了地温梯度测定，结果如下：在凹陷区井深为2150~4000m的区域，泥岩3.20℃/100m、砂岩2.88℃/100m、砾岩3.28℃/100m；在凸起区井深为2150~4000m的区域，泥岩5.29℃/100m、砂岩4.16℃/100m、砾岩4.60℃/100m。从上述测量结果可以观察到，凸起区比凹陷区的地温梯度要高。由此可以得出以下结论：同样的地质条件下，凸起区地下热水的温度要比凹陷区的高；在凹陷区寻找地下热水时，应尽量选择具有相对凸起区的构造区作为井位。按照这个结论开展勘探工作，可以寻找到温度较高的地下热水。

5.4.3.2　异常的基本分析

应用天然电场选频法对该地区开展地热勘探工作的部分资料分析如下。

图5-119为该测区1600m等深度ρ_r平面异常图。从图5-119可看出，井位处于相对隆起的构造带区域内，构造带走向近NNE向，与该地区的地热异常区主体走向一致。

在所确定的井位处进行环形剖面测量，估算出单井涌水量约为46m³/h，该估值与该地区石油钻井钻探到第三系上段明化镇组地层出水量为41~63m³/h的数值大致相符，说明井位处的构造带为含水构造带。

地热流值是表征地球热场的一个重要物理量。地球的平均热流值为1.5HFU，高于此值的地区为地热流异常区。参考测区周围已知地热井的钻井资料，可以计算出井位在1150~1200m深处的地热流值为4.0HFU，在1800m深处的地热流值为6.1HFU。因此，该井位在1200~1800m深处的地热流值为4.0~6.1HFU，高于地球的平均热流值，说明该井位的含水构造为热水含水构造。

图 5-119　测区 1600m 等深度 ρ_r 平面异常图

　　参考该地区的地热增温梯度、恒温带深度以及年平均气温等资料，可以粗略计算出该井位处的循环径流深度约为 1795m，说明该井位处具备深循环加热条件。同时，该地区具有较厚的第四系覆盖层作为热能的保护层。由此可见，该地区的地下水在径流过程中受到地层深部地热源的增温加热，同时又没有热源散失，因此具有形成地下热水的条件。

　　图 5-120 为该井位处深度为 600～2400m 部分的频率测深法（ρ_r-f 测深法）的 ρ_r 异常图。图 5-120 中的 ρ_r 异常值的幅度以及形态的变化规律可以反映出地下电性层随深度的变化情况。根据图 5-120 中 ρ_r 异常变化情况可以分析出该处沉积旋回次数及其随深度的变化规律。分析结果如下：800m 以上为第四系、第三系最顶部的地层；800m 以下的部分根据 ρ_r 异常的特点可分为六个沉积旋回，其深度分别分布在 800～1120m、1120～1280m、1280～1530m、1530～1850m、1850～2000m 和 2000～2400m，每个沉积旋回层均有含水层。频率测深法产生的 ρ_r 异常特点与已知石油钻井的电测井资料（包括电阻率梯度法、视电阻率电位法、自然电位法以及井温法等方法的测井资料）中的视电阻率电位法异常特点相似，即均反映出第三系上统明化镇组（Nm）和中新统馆陶组（Ng）这一套巨厚河流相为主的砂岩层（中细砂、砂质黏土、细砂、泥质细砂、中砂、粉细砂、砂砾岩、中粒细砂以及细粒砂岩）与泥岩层互层形成的沉积层的特点。根据井位处的地热流计算结果，推断出热水层主要赋存于 1200～1950m 的深度范围内。

　　图 5-121 为井位处深度为 600～2400m 部分的长线测深法（ρ_r-MN 法）的 ρ_r

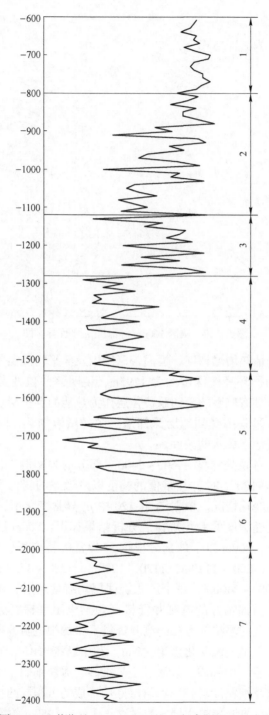

图 5-120 井位处 600~2400m 的 ρ_r 频率测深法异常图

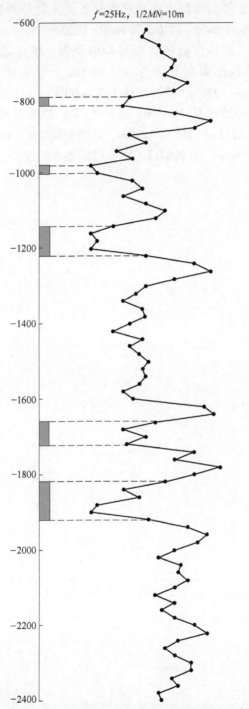

图 5-121　井位处 600~2400m 的 ρ_r 长线测深法异常图

异常图。由图 5-121 可以推断出热水层数和各层深度分别为 800~820m、980~1000m、1140~1220m、1660~1720m 和 1820~1920m。

综合上述分析，该井位处的资料解释结果为：单井涌水量 46m³/h；水温 58℃；热水层的层数及深度分别为 800~820m、980~1000m、1140~1220m、1660~1720m 和 1820~1920m；终孔设计深度 2000m。

钻探结果：单井涌水量 48m³/h；水温 61℃；热水层的层数及深度分别为 841~853m、1007~1022m、1167~1225m、1409~1443m、1673~1739m 和 1856~1872m；终孔深度 1960m。资料解释与钻探结果基本相符。

参 考 文 献

［1］韩荣波．论天然电场选频法及它在寻找地下水的应用．通过由河南省地质矿产局组织专
　　　家评审委员会评审，1984.
［2］韩荣波．天然电场选频法在工程地质中的应用［J］．工程勘探，1985，13（3）：76~79.
［3］韩荣波．略论天然电场选频法在城市物探工作中的应用［C］//物化探技术在城市工程
　　　中应用经验交流会论文集，1987，6：120~129.
［4］韩荣波．论天然电场选频法在解决地质构造问题中的应用［C］//河南省第三届地球物
　　　理学会学术论文，1985.
［5］韩荣波．天然电场选频法（上下册）．郑州地质学校物探教材（内部使用），1986.
［6］费锡铨，袁方，韩荣波．电法勘探［M］．北京：地质出版社，1985.
［7］傅良魁．电法勘探（下册）．北京地质学院地球物理勘探系教材（内部使用），1961.
［8］薛琴访．场论．北京地质学院地球物理勘探系教材（内部使用），1961.
［9］梁竞，等．自然电场法在岩溶地区找水打井中的应用［J］．工程勘察，2016，44（2）：
　　　68~78.

后　记

　　我 1958 年考入北京地质学院（现中国地质大学）地球物理勘探系（简称物探系），从此，算是正式迈入了地质行业这个大门，到 2019 年已经 60 余年了。60 年一个甲子，转瞬即逝，我也从风华正茂的青年变成了耄耋老人。我从事了一辈子的物探工作，见证了新中国地质事业翻天覆地的变化。这其中，最让我感到骄傲的就是在 20 世纪 80 年代初在国内首次提出了天然电场选频物探新方法并成功研制出了天然电场选频仪。如今虽然已经过去了 30 多年，但当年的诸多事情依然历历在目，仿佛就发生在昨天。

　　一种物探方法的创新，必须经历理论研究、模型实验、仪器设计制造以及野外大量试验等过程，而一种物探仪器的研制又必须依据相应的物探方法理论去设计和制造，没有相应的物探方法理论指导就没有该物探仪器设计制造的依据。可以说，一项发明或者创新，看起来简单，然而整个研发过程中所经历的曲折与艰辛往往是难以想象的。

　　早在 20 世纪 70 年代，我在从事电法野外测量工作的过程中，就深切体会到一些物探方法存在着用人多、工作效率低、劳动强度大等问题。特别是在我 1974~1975 年担任东北水文工程兵部队技术总指导时，部队的领导和战士为完成寻找地下水和解决工程勘探任务，不怕苦，不怕累，拼命干的精神，深深打动和激励着我。于是，我便开始思考能否研究出一种更加有效、轻便、快捷、简单的物探方法和仪器用于解决各种地质问题。为此，我把这个想法确立为一个自选的科研课题，在每年完成自己所担任的电法方法和仪器的教学任务以及带领学生进行野外实习的工作之外，将所有的业余时间都用于这个课题研究。在这个过程中，我收集和查阅了大量国内外的有关文献，并进行理论推导和模型实验研究。经过多年不懈努力，在分析和总结这些研究资料的基础上，我逐步构建出了这种电法勘探方法的理论体系，提出了这种物探新方法，并将其命名为"天然电场选频法"。

　　1983 年初，应南京地质学校邀请，我前往该校担任物探电法仪器的教学工作。在该校完成教学任务的同时，我又根据"天然电场选频法"的方法原理，最终完成了天然电场选频仪电路原理图的设计工作。1983 年底，我从南京地质学校返回郑州地质学校后，与学校电子电工实验室吴木林老师合作，在获得当时地质部（现自然资源部）2 万元天然电场选频法专项科研经费的支持下，成功研制出了天然电场选频仪——DX-1 型天然电场选频仪。此后，我们使用这台样机在河南省荥阳市、巩义市、密县以及郑州市等地区的众多已知井和勘探井上进行了实测工作，都取得了良好的地质效果。

　　1984 年 6 月，"天然电场选频法"这项科技成果由郑州地质学校提交到河南省地质矿产局（现河南省自然资源厅），并于同年 8 月 8 日至 10 日由河南省地质矿产局组织专家评审委员会评审通过（科技成果评审证书（豫地科审（84）7 号）见附录 1）。"天然电场选频法"这项科研成果还荣获了 1984 年度河南省科学技术进步奖三等奖，证书号 84.068（获奖证书见附录 2）。1984 年 12 月 26 日，河南省地质矿产局下发豫地（1984）453 号文件推广应用该物探新方法（河南省地质矿产局文件见附录 1）。目前该项科研成果还可以在自然资源部的科技成果查询数据库中检索出来（检索结果见附录 3）。

　　1985 年，我在国家级地质刊物《工程勘察》第 3 期 76~79 页发表了题目为《天然电场选频法在工程地质中的应用》的论文。这是国内全面论述天然电场选频法的原理、模型实验、野外工作方法、仪器设计框图以及野外工作实例的论文。

为提高仪器的自动化程度，我于1985年与郑州自动化研究所合作，成功研发出了带微处理器的自动化天然电场选频仪——微机自动选频物探测量仪（简称微机选频仪）。后又经学校批准同意于1986年3月进行了专利申请，并获得国家专利，专利号：86201631.2（专利证书见附录4）。

1986年11月23日至27日，在当时张方召校长的领导下，郑州地质学校举办了一期天然电场选频法推广学习班，并由我主讲"天然电场选频法"和"微机自动选频物探测量仪"。当时共有44位来自全国各勘探单位的工程技术人员参加了该学习班。

1994年，我们又组织研发团队，在"微机自动选频物探测量仪"的基础上，对仪器的自动化程度做了进一步提高，并向社会推出了不同类型的天然电场选频仪产品。特别是2000年以后，我们推出了"JK系列天然电场选频物探测量仪（简称JK系列选频仪）"，获得了多项国家专利，其自动化程度、抗干扰能力、数据处理方法以及勘探深度等各方面都得到了全面的提升，地质效果更为显著，获得了市场和广大用户的高度认可和赞誉。目前，我们又推出了专为深部地质勘探而设计的天然电场选频仪，勘探深度可达2000~3000m。

在天然电场选频仪不断推陈出新和与时俱进的同时，我们在方法上也从未停止过探索和创新的步伐，其主要体现在对天然电场选频法的理论体系、勘探体系以及应用体系的不断补充和完善。

在理论体系方面：首先明确进行各种理论研究的目的是为了解决各种不同的地质问题，然后再根据不同研究对象的不同性质、不同前提和不同条件，采用不同的研究方法来解决这些理论问题。我们通过平面电磁场作用下的均匀水平介质的麦克斯韦方程解演绎出 ρ_r 无量纲电阻率的概念，建立了一套天然电场选频法无量纲电阻率理论作为异常解释的依据；又根据球体在均匀电流场中的求解推导出球体剖面 ρ_r 异常的解，并将其应用于野外剖面测量的异常解释；利用电磁波穿透深度与频率和介质电阻率之间的关系，解决了天然电场选频法的频率测深法（ρ_r-f 测深法）这个研究课题；根据无量纲电阻率 ρ_r 与测量电极的电极距之间的变化关系，又提出天然电场选频法的非频率测深方法——长线测深法（ρ_r-MN 测深法）。就这样，在不断地努力和探索下，我们通过无量纲电阻率 ρ_r 概念的提出、球体剖面 ρ_r 异常特点的形成、频率测深法的研究成功以及长线测深法的创立，对整个天然电场选频法的理论体系进行了不断完善。

在勘探体系方面：为更好地应用天然电场选频法解决各种地质问题，我们根据天然电场选频法的理论体系，并结合长期野外工作实践，提出了一套独具特色的天然电场选频法勘探技术模式。这套勘探技术模式具有"三多"（采用多装置、多频率、多方位的测量方法）、"两并重"（剖面测量与测深法测量并重）、"两结合"（频率测深法与非频率测深法相结合）的特点，能够有效抑制干扰，突出地质体产生的异常，提高解决各种地质问题的能力。该套勘探技术模式不仅包括了一些常规电法的野外测量方法，还包括了一些本方法独具特色的野外测量方法。特别是在解决交流电法的测深问题上，这套勘探技术模式走出了自己的创新之路。一方面，我们没有选择 Cagniard 模式，而是根据天然电场选频法的特点并结合大量野外实践经验，选择合适的仪器测量参数和数据采集方式并采用相应的软硬件数据处理方法，有效解决了该物探方法的频率测深问题。另一方面，我们又提出了天然电场选频法的非频率测深方法——长线测深法（ρ_r-MN 测深法）。我们认为，为了在天然电场选频法的勘探工作中获得良好的地质效果，应当做到以下几点：（1）充分发挥这套勘探技术模式的内部潜能；（2）对游散电流场采取"既要利用，又要限制"的方法；（3）正确认识和处理测区的个性化问题；（4）合理采用不同装置和工作频率，尽量抑制或消除干扰，突出地质体产生的异常；（5）总结勘探工作中成功与失败的经验，并将该经验用于指导实际工作中的异常解释。

　　在应用体系方面：我们主要研究了如何运用天然电场选频法的理论体系和勘探体系来解决各种不同类型的地质问题，并取得了良好的地质效果。我们认为在这方面的工作重点是扩大该物探方法的应用范围；核心是提高地质效果（成功率）；关键是充分发挥勘探系统的内部潜能，扬长避短，特别是做好异常的区分工作。自 20 世纪 80 年代提出天然电场选频法以来，我们应用该物探方法从最初的解决地下水勘探问题，到解决工程地质与灾害地质勘探问题，再到解决矿产勘探、地热勘探以及城市环境保护等问题，不断拓展该方法的应用范围并取得了良好的地质效果。勘探深度也从最初的 200~300m 发展到了现在的 2000~3000m。我们对天然电场选频法应用体系的研究，秉承稳中求进、不断实践、总结经验、找出规律再指导实践的理念，在天然电场选频法的应用方面取得了长足的进步。

　　从 1984 年首次公开提出天然电场选频法和推出天然电场选频仪至今，虽然已经过去了 30 多年，但是天然电场选频法和天然电场选频仪非但没有随时间的流逝而消亡沉寂，反而经受住时间与实践的检验，愈加迸发出蓬勃生机。看到由我们中国人自己创新发明的这种物探新方法，能够切实解决地质问题，造福于民众，并为社会带来效益，作为"天然电场选频法"的提出者和"天然电场选频仪"的发明人，我亦倍感欣慰。

在天然电场选频法的创新和发展过程中，我得到过许多单位和朋友的大力支持和帮助，在此深表感谢！

首先感谢原郑州地质学校张方召校长，经过不懈努力为天然电场选频法争取到了地质部提供的 2 万元科研经费，让我们前期的仪器样机制造和野外试验工作得以顺利完成。

感谢河南省地质矿产局科技处孙崇文领导及全体工作人员，组织专家评审委员会完成了对天然电场选频法的评审工作，将天然电场选频法正式推广到全国地质勘探界。

感谢我的老师林清媛教授，在我困难的时候，给予我鼓励和帮助。

感谢河南省平顶山市冶金勘探公司张春应总工程师、河南省第二地质调查大队孟祥芳总工程师、黄河委员会的母光荣总工程师、河南省化工物探队陈基峰总工程师以及河南省第二水文队等地质单位，为我们提供了试验基地，为天然电场选频法的研究提供了帮助。

感谢北京杰科创业科技有限公司的各位同仁，为天然电场选频法及天然电场选频仪的不断创新和完善做出了不懈的努力。

最后，我作为北京杰科创业科技有限公司的总工程师，还要感谢各位客户多年以来对我们的支持和肯定，特别是那些曾经多次选购我们仪器的单位和个人，如中国地质科学院岩溶地质研究所先后选购了我们 5 套仪器（其中 4 套为 JK-E 型选频仪），中化地质矿山总局下属单位先后选购了我们 3 套仪器（均为 JK-E600 型选频仪）。客户的认可，是对我们最大的鼓励，是我们前进最大的动力。

韩棠波

2019 年 9 月

附   录

附录 1   河南省地质矿产局文件

1984 年 12 月河南省地质矿产局文件：

（1）发送《论天然电场选频法及它在寻找地下水的应用》科技成果评审证书函。

（2）科技成果评审证书：豫地科审（84）7 号。

河南省地质矿产局文件

豫地（1984）453号

发送《论天然电场选频法及它在寻找
地下水的应用》科技成果评审证书函

郑州地质学校：

　　现将《论天然电场选频法及它在寻找地下水的应用》科技成果评审证书发给你们，希望尽快组织推广应用，为工农业寻找地下水资源服务。

　　附：《论天然电场选频法及它在寻找地下水的应用》科技成果评审证书

一九八四年十二月二十六日

抄报：地矿部科技司、河南省科委
抄送：局正、副局长正副总工程师
　　　有关单位、参加评审单位

1

科技成果评审证书

编　　　号：豫地科审（84）7号

科技成果名称：论天然电场选频法及它在寻找地
下水的应用

研　究　单　位：郑州地质学校

组织评审单位：河南省地矿局

评　审　日　期：一九八四年八月十日

2

一、研究内容和简要说明

"论天然电场选频法及它在寻找地下水的应用"是自选的科研项目。由郑州地质学校物探专业韩荣波和吴木林承担。先后参加该项目的人员共 2 人。研究时间从1981年4月至1984年11月。

本项目的任务是试图利用天然交变电磁场作为场源，研究一种轻便，经济能快速普查地下水源的物探新方法。

作者利用了平面电磁波在均匀半无限空间的阻抗表达式：$Z = \dfrac{Ex}{Hy}$，在作了一些假定后认为按本方法观测获得的 ΔU_s^{11} 变化反映了地下介质电阻率的变化。并为粗略的模型实验结果所证实。还利用了电磁波的穿透深度的概念作为解释异常源赋存深度的理论根据。

仪器的研制中采用了选频线路，用以增强抗干扰能力和获得来自不同勘探深度的信息。经过12350个物理点的野外观测结果证明：仪器读数稳定，异常可信。在基岩地区 ΔU_s^{11} 的低异常与富水构造有关，并为钻探所证实。在第四系地区的富水地段，亦有异常反映，但较为复杂。有待进一步研究。

二、评审委员会意见

天然电场选频法是国内近年来才开始探索研究的物探新方法。目前，在场源问题上还有争论。作者在继承前人的研究成果基础上应用选频方法提高了仪器的抗干扰能力并获得了不同勘探深度的多组异常信息。所研制的仪器读数稳定，获得的异常可靠。在野外的实测对比中，

ΔU_s^{11}异常与常规直流电阻率法ρ_s异常变化一致。在特定的水文地质条件下，低ΔU_s^{11}异常常与基岩（石灰岩，砂页岩，花岗岩分布的地区）中的富水构造密切相关。作者在自己工作的基础上确定的井位，已经为多年来一直严重缺水的河南省荥阳县崔庙马蹄坡等地区打出了丰富的地下水。该方法仪器轻便，工作效率很高。根据郑州地区的实际工作经验，即使在常规直流电阻率法无法开展工作的城市工业用电区，也能用本方法进行工作并取得地质效果。

综上所述，天然电场选频法可以作为基岩地区普查寻找地下水时的一种经济，快速发现异常新的物探方法。

（一）主要成果：

1、根据选频原则，研制了天然电场选频仪。DX—1型天然电场选频仪经专家鉴定认为：仪器测量准确，分辨率高，功耗低，体积小，非常适合野外工作。

2、总结了一套天然电场选频法的野外工作，室内资料整理和异常解释方法。

实际工作证明：天然电场选频仪在野外观测中读数可靠，获得的异常可信。方法的地质效果明显。确认了天然电场选频法是在基岩地区找水中的一种经济，快速便于发现异常的新方法。

3、用本方法在河南省荥阳县崔庙马蹄坡地区，巩县堂脑村等严重缺水地区找到了丰富的地下水。

4、完成了预定的研究课题内容。

（二）存在问题和建议：

1、天然电场选频法的场源，目前还有争论。作者的论文中没有提供说明场源性质的实际资料。对此问题，评审委员会很难作出确

4

切评价。实际工作中也发现在城市内工作时 ρ_s 值偶有突然变化（使整个 ρ_s 曲线上下平移，一般不影响异常形态），这往往与工业用电区中远距离的点电源或偶极电源的突然变化有关。为此，为了保证读数的可靠，建议在每一个新工区工作，首先进行定点重复观测，证明场源相对稳定后再全面开展工作。并建议在工作中有意识地集累说明场源性质的资料。以期在不长时间内对场源的性质问题有所突破。

　　2、建议完善模型试验（遵循相似原理）。在场源性质大体搞清楚之后，利用选频法的特点进行模型实验，进一步探索定量解释的方法。

（三）论文处理意见：

评审委员会认为：所研制的仪器性能稳定，本方法取得的数据可靠，获得的异常可靠，地质效果明显，是一种在基岩地区值得首先在小范围内推广的快速普查找水的新方法。建议予以通过。可以出版交流。

三、组织审评单位意见

同意评审委员会意见尽快推广使用。

四、主要技术文件

1、附件一：论天然电场选频法及它在寻找地下水的应用。

2、附件二：DX—1型天然电场选频仪测试报告。

3、附件三：DX—1型天然电场选频仪鉴定意见书。

4、附图1：河南省地质局机井 ΔU_s^{11} 异常重复观测对比曲线。

5

5、附图2：河南省地矿局机井 $\Delta U^{||}_s$ 异常剖面曲线。

五、评审委员会签名

姓 名	单 位	职 务	职 称	代表或评议员
彭先干	国家地震局物探大队		高 工	评 议 员
姚安国	河南省地矿局水文一队	物探技术负责	工 程 师	评 议 员
张宝田	地质矿产部水文司水文二处		工 程 师	评 议 员（书面评议）
孙崇文	河南省矿产局		工 程 师	评 议 员
张富才	黄委会设计院		工 程 师	代 表
敖胜利	黄委会设计院		技 术 员	代 表
狄治海	河南省水文二队		技 术 员	代 表
周海军	河南省物探队		技 术 员	代 表
杨松茂	环境水文地质总站		助理工程师	代 表
赵育合	河南省煤田物测队		助理工程师	代 表
陈相府	河南省物探队		技 术 员	列席代表
马文秀	郑州地质学校		讲 师	代 表
吴木林	郑州地质学校		教 师	代 表
韩荣波	郑州地质学校		讲 师	代 表
董俊文	郑州地质学校		教 师	服 务 员

附录2 1984年度河南省科学技术进步奖证书

"天然电场选频法"荣获1984年度河南省科学技术进步奖三等奖，证书编号84.068。

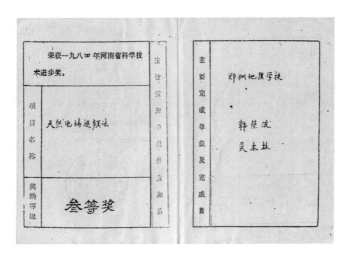

附录3 自然资源部科技成果查询数据库检索结果

"论天然电场选频法及它在寻找地下水的应用"科技成果在自然资源部科技成果查询数据库中的检索结果。

网址：http：//jlps. mnr. gov. cn/global/reward！ viewDJAchievement. do？ djh = 19850137［01208］

或注册登录后查询：http：//jlps. mnr. gov. cn/global/reward！ KJCGsearch. do

附录 4　"微机自动选频物探测量仪"专利证书

"微机自动选频物探测量仪"于 1986 年 3 月申请并获得国家首批专利，专利号：86201631. 2。

附录 5 ρ_r 频率测深法断面异常图例

下列图例为寻找岩溶型地下水和基岩裂隙型地下水的 ρ_r 频率测深法断面异常图。图例均由北京杰科创业科技有限公司的"JK 选频仪测量数据管理软件"自动生成。可以看出，每组频率测深数据经过该软件的"频率测深数据多重滤波"处理后自动生成的 ρ_r 频率测深法断面异常图，能够最大程度降低 50Hz 工业电力谐波等各种干扰因素造成的影响，突出地质体产生的异常。

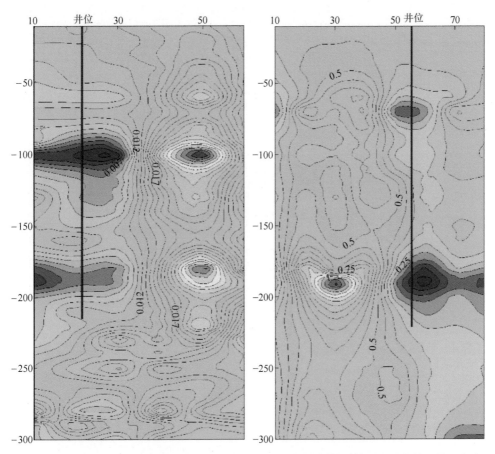

图 1 河南省密县开阳煤矿公司机井 ρ_r 频率
测深法断面异常图

（井深 225m；单井涌水量 50m³/h）

图 2 河南省荥阳县贾峪乡楚村机井 ρ_r 频率
测深法断面异常图

（井深 209m；单井涌水量 39m³/h）

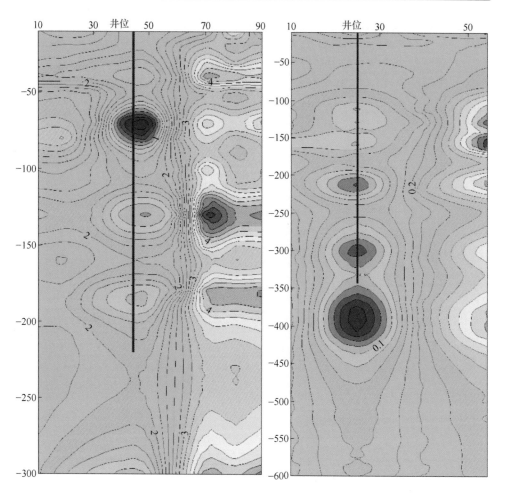

图3　河南省密县造纸厂机井 ρ_r 频率
测深法断面异常图

（井深 219m；单井涌水量 135m³/h）

图4　河北省张家口市涿鹿县卧佛寺乡机井
ρ_r 频率测深法断面异常图

（井深 350m；单井涌水量 30～40m³/h）

附录6　JK-E600型天然电场选频仪简介

多年以来，北京杰科创业科技有限公司（www.wtyq.net）本着"执着匠心，追求更高品质"的精神，不断推陈出新，先后研发生产出JK系列天然电场选频仪。该系列选频仪地质效果显著，获得了市场和广大用户的高度认可和赞誉。其中JK-E600型天然电场选频仪，是该公司近年来在结合以往选频仪设计研发经验以及大量野外试验结果的基础上新研发推出的一款天然电场选频仪，性能卓越，功能全面，在解决中深部地质问题方面效果显著。该仪器具有以下特点：

（1）全自动智能型选频仪，一键式操作，采用中文版Windows CE操作系统，和计算机Windows操作系统一脉相承，功能强大，直接运行APP即可扩展仪器功能。

（2）采用4.3寸彩色液晶触摸屏，所见即所得——测量的同时显示测量结果。支持屏幕截图功能。提供USB接口，支持U盘拷贝文件和系统升级。

（3）测量数据以Excel文本文件格式保存，方便计算机中各种地质软件对测量数据进行后期处理。特别是可以利用和本仪器配套的"JK选频仪测量数据管理软件"直接生成各种成果图，并将测量数据保存到计算机的数据库中形成工作者自己的测量历史资料库，方便检索、浏览、研究和交流。

（4）采用窄频带和随机信号频谱等技术，抗干扰能力强，可最大程度提高对地下地质体的分辨能力。

（5）频率测深可达600m。可根据实测需要设置勘探步长和勘探深度，并对测量数据进行多重滤波处理后直接生成ρ_r频率测深断面图，最大程度降低测量过程中50Hz工业电力谐波等各种干扰因素造成的影响，突出地质体产生的异常。

（6）可观察ρ_r、椭圆极化等各种参数。在勘探过程中，仪器屏幕可直接显示ρ_r剖面异常图、ρ_r环形剖面异常图、ρ_r长线测深法异常图以及ρ_r频率测深法断面异常图等图件，为现场进行地质推断及解释提供依据。

（7）利用大地电磁场作为工作场源，无需人工供电装置，测量速度快、效率高，体积仅为26cm×12cm×17cm，重量小于2kg，携带使用方便，可快速完成大面积地质普查工作。

（8）仪器屏幕截图。

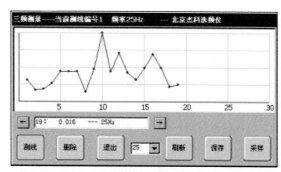

ρ,剖面异常图

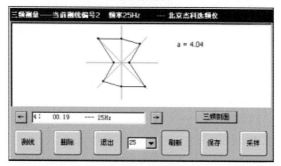

ρ,环形剖面异常图

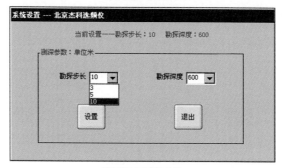

设置频率测深参数

两人即可开展工作